クルマ本
読100冊

クルマ社会の
在・未来が読み解ける！

広田民郎

まえがきにかえて

クルマやバイク、それに自転車や飛行機を含め子供が好きな乗り物をテーマにした本を片っ端から読み漁って、振り返ると、ずいぶんな時間が経過した。

27歳の時、たまたま自動車雑誌の編集記者として自動車やバイクの世界に没入したことがキッカケだ。ところが、クルマがどういうメカニズムで動いているかが皆目理解していない若者が、いきなりクルマの整備をテーマにした雑誌の担当になった。背伸びしてメンテナンスやメカニズムの記事を書き連ねるも、すぐに馬脚を現し頓珍漢な記事で常に編集長から書き直しを命じられるばかり。人並みに、給料泥棒と蔑まれなくなるには2年の歳月が必要だった。その2年間の読書は大部分クルマの整備書だった。

そんなわけだから、クルマの読み物といえば、整備手順やメンテナス手順がすぐに頭に浮かぶ。エンジンオイルの交換なら、まずクルマを平たんなところに置いて、少しエンジンが冷えてからエンジンの下部に受け皿を置き、エンジンフードを開けて、オイル注入口を開ける。つぎにクルマの下にもぐりドレンボルトを緩める……などと、まるで砂を噛むような無味乾燥な箇条書きの文章をイメージしてしまう。だから、クルマが登場する手に汗握る物語やヒューマンタッチのエッセイが、この世の中に存在するなんて想像もできなかった。存在しているとしても、遠い星の出来事で、少なくとも当時の若者の視野に入っていなかった。

記憶をたどると……初めてクルマが主人公の小説を手に取ったのは、１８８1年に発売されたＳＦ作家の高斎正さんの『ホンダがレースに復帰するとき』（現在は徳間文庫）だった。個人的には自動車がどんな仕掛けで〝走り、曲がり、止まる〟のかを飲み込み始めたころ。それだけに、この小説は衝撃的だった。

ふつうの読者が受けた衝撃とは少し様子が異なる。さきに挙げた砂を噛むような整備やメンテナスのシーンがまるで魔法にかけられたように、するすると頭にそそぎこまれるような文章に仕立て直され、物語に溶け込んでいた。身体の中にあった活断層がいきなり動き出したような衝撃を受けた。「あぁ、小説家という存在はすごいもんだな！」〝言葉の魔術師〟が行間に立っているような気がした。

そこから、少しずつクルマの世界にもいくつかの人間ドラマが宿り、ときにはそれが詩になり、大河ドラマになり、瑞々しいエッセイが生み出される、といったことが理解できるようになった。

クルマの企業をゼロから立ち上げた偉人伝、子供向けの絵本、自動車への果てない愛を描く物語、ＰＣＲ検査を見つけたノーベル賞学者の日本車愛好物語なんていうのもある。ＩＴ長者が幼年期に憧れた目の玉が飛び出すほど高いクラシックカーで命を落とす物語、大メーカーの社長にドライビング・テクニックを伝授したベテラン車両実験のベテランの悲劇の死の物語……。

この本で取り上げた１００冊の本をずらり眺めると、なんとも人間の壮大なドラマが目の前にせり出してくる気がする。それだけではなく、この１００冊をかみしめてみると、奇しくも自動車１００年の過去・現在そして未来を俯瞰できたのである。そもそも書籍というのは知の集約だからだ。この本の狙いはそんなところにもあるのだ。

この地球上の人とクルマが織りなす数だけ、つまり数えきれないほどの物語がある。クルマの本の世界は、想像以上に豊饒の海なのだ。

各文末に、独断と偏見をフル活用して一刀両断とばかりひと目でわかる評価を下しました。該当図書を手にするうえで、参考にしていただくとありがたい。

俎上に載せた本の中には、新刊で容易に手に入るものが大半。が、なかにはAmazonなどのサイトから中古本としてしか手に入らないもの、あるいは図書館でしか読めない本もある。

絶版となった本の中にも、高い評価を与えたくなる本やその存在を教えたくなる本もある。あまり人は意識していないが、テレビや映画作りをする際こうした絶版の本がベース（参考文書や資料）となっていることが珍しくないからだ（だから放送局には必ず図書室があります！）。いまは絶版の憂き目にあい、図書館の本でしか読めない本も、復刊される可能性もある。入手困難な本も、あえて取り上げた理由はこんなところにある。

もうひとつ、老婆心ながら誤解なきようお伝えすると「グランプリ出版」の本がやや多いことに気づくかもしれません。何もこれは宣伝でもなんでもなく、自動車関連の書籍を多く出しているからにすぎません。

２０２３年８月

広田　民郎

◆目次◆

ドキュメント

小説

エッセイ&評論

ヒストリー

テクノロジー、整備&開発

ドキュメント

★森功著『ならずもの／井上雅博伝 ― ヤフーを作った男』（講談社）

― 「週刊現代」で連載した記事に加筆・修正した単行本。（2020年5月刊）

スマートフォンの生みの親ともいえるスティーブ・ジョブズ。彼のことがわかるウォルター・アイザックソンによる伝記（文庫本上下2冊　講談社2011年刊）は、かなり読み応えのある本だった。この本のおかげで、当時のITの流れが理解できた。

ところが、日本におけるIT業界となると、PCとスマホを使うだけのいちユーザーに過ぎない書評子はまったくの門外漢。そんなわけでこの本を読むまで、Yahoo! ジャパンを作った人物については興味がなく、名前すら知らなかった。

その男が、実はクルマ大好きおじさんだった。一説によると1000億円という、一生かけても使いきれないほどの大金を手にして、60歳を前に全ての事業から手を引いた男。〝日本一成功したサラリーマン〟との異名をとり、そして箱根にクラシックカー10数台を愛でる超豪華な別荘を数十億円投じて作り上げた男。少年時代の夢を実現させた21世紀のヒーロー!!

ところがその男の人生は突然閉じられた。2017年、60歳を前にカルフォルニアのクラシックカーのイベントで直径3mもあるセコイヤの大木に激突して亡くなった。乗っていた1939年製ジャガーSS100（直列6気筒OHV3・5リッター4速MT）も見る影もなく大破したという。

今回取り上げる単行本は、そんなシンデレラボーイがあっけなく生を終える物語である。

この『ならずもの』には、コンパクトカーや4ドアセダンなど生活感のあるクルマ（実用車）の姿はこれっぽっちも出てこない。いわば富裕層だけが所有できる特別のスーパーカーや博物館に収まってもおかしくない超弩級のクラシックカーばかりだ。普通のポルシェやフェラーリではなく、スターリンが隠していたベンツだとか、有名人が愛用していたレアなクラシックカーばかり。プレミアム感120％の高級車ばかり。

長年自動車ジャーナリスト稼業をしてはいる。書評子は、そうした富裕層を顧客とする高級車専門にメンテやリストアをするツナギ姿の整備士には幾度となくインタビューしたことがある。が、この本に出てくるクルマ好きのアルマーニなんかに身を包んだ富裕層の類には一度もインタビューした経験がない。彼らの檜舞台はもっぱらカーグラフィックやENGINEあたりで、廃油が匂うカー雑誌ライターはおよびじゃないのだ。

この本は、図らずも彼ら富裕層の生態の一端を如実に教えてくれる。おぼろげながらも、なんだか全容をつかんだ気にもなる。そして（嫉妬心もにじませながら言えば！）「ああっ、やっぱりな」というか、「クルマへの愛はいろいろあるけど……けどね」とひとことでは言い表せない複雑な気分になる。表層的にはクルマ文化の担い手はそうした富裕層、なのかもしれない……。

この『ならずもの』の主人公は、東京世田谷の祖師谷団地でごく普通の子供時代を過ごし、都立高校をへて東京理科大の学生の頃、たまさかバイトしたのがＩＴ企業だった。そこからあれよあれよと、孫正義の片腕になり、独立しヤフージャパンを育て上げ、一夜にして億万長者となった。まさに時代が生んだミリオネイアである。現代版わらしべ長者。

それは、内橋克人著「破天荒企業人列伝」（新潮文庫）に出てくる明治・大正・昭和を彩る強烈な個性を持った企業人たちと連なる。お金持ちは、さらにそれ以上の資産を生み出そうとする。だが皮肉にも、使いきれない大金を持った人間は必ずしも〝金を使う達人〟ではないようだ。

数世代にわたったお屋敷の庭石をバールで、エイとばかり、ひっくり返したら、そこには見たことのない虫たちがうごめいていた。この本は、そのバールの役目をしている。ちなみに、『ならずもの』というタイトルに違和感があるが、調べてみるとYahooという英語の俗語は、スイフトの「ガリバー旅行記」に出てくる「ならず者」がルーツだという。

物語の主人公以上に、この本をまとめた１９６１年生まれの筆者に大いに関心をいだいた。

三重県の地元紙・伊勢新聞記者を皮切りに、週刊新潮編集部で鍛え上げられたノンフィクションライター。いまノリに乗っているノンフィクション作家のひとりだ。新潮社で週刊新潮や写真雑誌フォーカスを作り上げた伝説の大編集者〝斎藤十一（じゅういち：１９１４～２０００年）〟の伝記を見事な筆遣いで手がけている。この伝記の完成度に強く惹かれ、いわば芋づる式に〝井上雅博伝〟に行きついたのである。期待を裏切ることなく周到に取材して、手堅くまとめている。

読みやすさ　★★★★　知識増強　★★★
物語の楽しさ★★★★　新ネタの発見★★★★
残念なポイント「主人公とクルマとの関係がいまひとつ鮮明ではない。謎として残る」

★キャリー・マリス著『マリス博士の奇想天外な人生』（ハヤカワ文庫NF）

―本の原題が「DANCING NAKED IN THE MIND FIELD（心の原野を裸で踊る！）」。どんだけロックンロールしているんだか？（2004年4月）

新型コロナウイルスをめぐって一時は、誰の口にものぼるようになったPCR。当時は、幼稚園の子供でも口にしたアルファベット3文字だ。

専門用語がいつしかごく普通の人々の会話の話題にのぼったり、TVやラジオ、ネットで頻繁に使われると、本来の意味などどこかにすっ飛んでいって、みんな分かったつもりで流行するものである。

PCRとは「ポリメラーゼ連鎖反応（チェーン・リアクション）」。サイエンスの専門用語だ。ごく簡単に言うと〝ポリメラーゼと呼ばれる酵素の働きを利用して、DNAサンプルを、いわばネズミ算式に増幅させ、いろんな世界で活用できる装置〟のこと。

どんなところで活躍？　といえば、新型コロナなど感染症の陽性・陰性判定だけではなく、DNA分析による犯罪捜査、古代DNA分析による考古学の新たな研究など分子生物学、法医学、考古学、犯罪捜査など幅広く使われている装置である。保健所や大学病院だけでなく、幅広く研究所レベルではポピュラーな機器（しかも比較的安価）なのである。だから、一時期PCR検査が頭打ちになったとき、大学や教育機関にあるPCR装置の活用を強く期待されたのは、こうした背景がある。

この本は、このPCRを発明しノーベル化学賞をとったキャリー・マリス博士（1944〜2019年）の自伝である。翻訳は『動的平衡』や『生物と無生物のあいだ』などの著書でおなじみの分子生物学者・福岡伸一博士（1959〜）。

まず表紙の写真がぐっとくる。マリス博士、実はサーファーなのである。しかも、ホンダのクルマが大好き。ガールフレンドと別荘に向かう途中、いきなりインスピレーションを得て、PCRシステムをイメージするのだが、このとき博士の手に握られていたのは、シビックのハンドルだった。1983年5月のこと。バイオのベンチャー企業の一員だったのだが、じつはベンチャーの立場からノーベル賞をゲット（1993年）したのも、彼が初という。

OJシンプソン事件って、覚えているだろうか？　アメリカン・フットボールのスター選手が妻を殺害したとして、当時のマスコミをにぎわした。大半のアメリカ国民はこの事件を扱うTVショーにくぎ付けになったものだ。このときDNAによる検証をめぐって、マリスは裁判にかかわっている。有力弁護士らの援護もあり、シンプソンは無罪となった。このとき、マリスは、サンディエゴにある自宅から、裁判所のあるLAまでホンダ・インテグラで移動していたのだ。とにかくホンダ車ファンなのだ。

はっきり言って、この本は、クルマやバイクの話はほとんど出てこない。でも、マリス独自の科学的知見が縦横無尽に駆け巡り、読者は知らず知らずのうちに知的好奇心の海で遊泳することになる。多数派の意見などに耳を貸さない。彼に言わせると、大騒ぎしている地球温暖化ガスCO2をめぐる環境問題が銭儲け主義の似非科学者のでっち上げだというのだ。このへん、トランプに似ているが、一読の価値ありだ。

読みやすさ　★★★★　知識増強　★★★★
物語の楽しさ　★★★★　新ネタの発見　★★★
残念なポイント「マリス式クルマの愛で方を少し深堀りしてもらいたかった」

★稲泉連著『豊田章男が愛したテストドライバー』（小学館文庫）
—筆者は、著名なノンフィクション作家である久田恵を母に持つ、いま売れっ子のノンフィクション作家
（2021年4月刊）

このノンフィクションのひとことで要約すれば、「世界最大の自動車メーカーの若き社長と臨時工からスタートし叩き上げのテストドライバーとの逆転・子弟物語」とでもいえようか。誰もが大好きな意

外性を交えた成長物語の匂いが漂う。ふるくは「王子と乞食」の物語、というと怒られるか？

二人が出会ったのは、豊田章男がアメリカの現地法人の副社長のころ。そのときすでにトップガンだった成瀬弘は挑戦的にこう言ったという。「運転のことを分からない人に、クルマのことをあだこうだいわれたくない……トヨタには、俺たちみたいに命をかけてクルマを作っている人間がいる。そのことを忘れないでほしい」そして、一呼吸おいて置いて「もしよければ、月に1度でもいい、その気があるなら、俺が運転を教えるよ」

いくら年下とはいえ立場（創業者喜一郎の孫にあたり、章男は将来社長になる人物）をわきまえないそんな提案は、ありえない。ネタバラシしてしまうと、実は章男の父である章一郎から依頼されていたという。

書評子の実弟が車両実験課にいたのでおぼろげにもわかるのだが、成瀬は給料分だけ仕事すればいいさ、というサラリーマン的テストドライバーではなかった。若いころから、仕事終わりに中古で手に入れたクルマをあれこれチューニングし、仕事とは別にクルマの挙動を自分なりに研究していた。そんな孤高のテストドライバーなのである。だから、本音をいえば、トヨタが世に出すクルマ全部が不満足だった。トヨタには、理想のクルマづくりへのココロザシがないことにいら立ってもいた。でもただの不満分子ではなく、彼の仕事へのひたむきさは、本物を嗅ぎ分ける心ある経営陣の目にはきちんと受け止められ、成瀬は高く評価されていた。

多忙な日々を送りながら、この本によると月に2回ほどの割で、個人教授がおこなわれた。以来10数年たち、章男のドライビング技術をある程度高まり、ドイツのニュルブルクリンク24時間耐久レース参戦までに上達。通称ニュルのコースは、高低差３００ｍ、超高速から超低速まで多種多様な１７０数個のコーナーがあり、ここで思う通り走れれば世界の道を走ることができる、そんなクルマを鍛え上げるうえでの究極のサーキット。

事実は小説よりも奇なりともいうが、この物語、すでに種明かしした「王子と乞食」に見えなくはないが、そんな単純なものではない。

究極の超ど級スーパーカーレクサスＬＦＡ（Ｖ10排気量４・８リッター５６０ＰＳ）は実はもう一つの主人公。あれだけトヨタ車の欠点をあげつらった成瀬がようやく、たどり着いたクルマがこのＬＦＡ（当時の価格３７５０万円）。成瀬ひとりの責任でセットアップした唯一無二のクルマだからこそ当たり前なのだが、奇しくもここＬＦＡで、成瀬はこの世を去るのである。

この物語の二人の主人公は世代こそ違え、モノを作る、それも一人の人間があやつる、３万点もの部品で出来た複雑な機械であるクルマ。理想のクルマを作る、モノを愛すること。そこには人生をかけるほどの面白みがある。それは角度を変えていえば、「悩みながら自分の働き方、生き方を獲得していく、そんな物語」と言いかえることもできる。

読みやすさ　★★★★　知識増強　★★★
物語の楽しさ　★★★★★　新ネタの発見　★★★★
残念なポイント　「もし成瀬さんが生きていたら……その後のトヨタを知りたい」

★朝日新聞取材班『ゴーンショック　日産カルロス・ゴーン事件の真相』（幻冬舎）

――筆読み通すには、過酷なビジネスの現実に息苦しさを覚える箇所もあり。興味がある人にはスイスイ読める。

（2020年5月15日発売）

一時は救世主経営者、カリスマビジネスマン、朝から夕刻まで仕事をしたということからセブンイレブン・ガイとまでもてはやされた男、カルロス・ゴーン。なぜ、彼は電撃逮捕されなければならなかったのか？　逮捕から、約8か月2019年の暮れ保釈中の身で海外逃亡し、いまレバノンで暮らす男。それが「天井知らずの強欲男」「名誉欲120％ガイ」と手のひら返しのようなサイテーの評価を安直にくだしていいのか？

この本は、朝日新聞の精鋭記者10数名が、さまざまな角度からカルロス・ゴーンの真実を追い求め、前代未聞のスキャンダルの全貌に迫る400ページ。朝日新聞といえば、羽田に降り立ったビジネス機内のゴーン逮捕劇をつぶさに取材し、数あるライバルメディアを出し抜いてスクープした媒体。以来チームを組んで世界各国での取材にまい進した。それをまとめたのが本書といえる。

全部で4部構成。第1部では東京地検特捜部VSゴーンと〝ヤメ検弁護士〟（元検事だった経歴を持つ弁護士）との息詰まる戦い。第2部では、「独裁の系譜」と称して、日産の創業から今日までの企業内の魑魅魍魎とした世界を整理していく。そこには、組合と経営者の奇妙な癒着や、危機に瀕したときあらわれる英雄が、時間の経過で堕落し仲間に裏切られ去っていく、そんな物語がまるで現代版絵巻物のように描かれる。第3部は、フランス大統領マクロンとゴーンの確執、日産社内の知られざる事情。第4部では、レバノン逃亡劇の詳細だ。

かつてトヨタと競り合っていた日産が、なぜ新興勢力のホンダに抜かれ、巨大な負債を抱え外国資本の助けを借り、ついには外国人経営者になかば食い物にされてしまったのか？　モノづくりの中堅の現場の古参社員（1967年入社）を取材することで、それは象徴的に判明する。「日産はモノづくりの骨格を持っていない会社」だと言い切った。「トヨタは経営者が変わっても。かんばん方式など〝モノづくり〟の根幹の経営手法は変わらないで受け継がれていく。それに対して日産は、権力者が変わるたびに経営のやり方がころころ変わる。しかも長いものにまかれるカルチャーで、すぐ新しい権力者になびいてしまうんです」

この本は、エンジンの音も聞こえてこないし、タイヤが地面をとらえる摩擦音も聞こえてはこない。

でも、いいクルマを作りたい希望に燃えて入社した若者が、やがて世間とはこんなものなのか？　企業とはこの程度の世界なのか？　そんな

絶望感で、将来を悲観した若者が何人いただろう？　あるいは、逆に「この程度のモラルでイケているんだから、ほかの世界に飛び出せる」そう考えた若者もいたのだろうか？　日産という企業は、明らかに日本社会の一つの縮図であることには間違いない。

読みやすさ　★★★★　知識増強　★★★
物語の楽しさ　★★★　新ネタの発見　★★★
残念なポイント　「その時ふつうの社員は何を感じなにを思ったのか、を書き加えたい」

★清武英利著『どんがら　トヨタエンジニアの反骨』（講談社）

―クルマをいじる醍醐味を体験したら、もっと生き生きした流れが出たに違いない。そう思うと惜しい。（2023年2月刊）

トヨタとスバルが共同で開発したスポーツカー86（スバルはBRZ）の開発ストーリーである。

そもそもスポーツカーという存在は、クルマづくりのエンジニアから見ると夢そのものなのである。

ざっくり言えば、通常のファミリーカーを代表する実用車は、最低でも4人5人を乗せて快適に長距離走ることが要求される。トランクルームもそれなりの容量が必要……などなど多くの充たすべき要件があるが、スポーツカーは、クルマの本質である「走る・曲がる・止まる」を高次元で成立させ、非日常的感覚を乗る人に抱かせる……など、ざっくり言えば走ることに徹するクルマだ。エンジニアのこだわりを存分に盛り込める作品、それこそがスポーツカーともいえる。

だから、必然的にあまり売れないし、最初は売れても長続きしないことが少なくない。いわば、クルマのエンジニアにとっては見果てぬ夢の製品だといえなくもない。それだけに仕事としてやりがいがある。

86のデビューはたしか2012年の4月だった。発表の会場で取材していた書評子は、通常の新車発表会とは大きく異なる、前代未聞というべき事柄に出会った。ライバル会社のマツダのスポーツカーの開発者、そのころは大学の先生をしていたのだが、その貴島孝雄氏が晴れ舞台に立っていたこと。それと、86のチーフエンジニアが、とても若々しく（別の言葉でいえば軽みがある）、およそトヨタマンらしからぬオーラを発していたのだ。

このエンジニアこそ、この本の主人公多田哲哉氏だった。

この本を読み進めると、この二つの疑問が解けた。多田さんは、もともとは三菱自動車出身で、そこをやめて一度ベンチャー企業を起こした後、名古屋大学の同級生より8年遅れてトヨタに途中入社し、ユニバーサルデザインを注ぎ込んだ1997年デビューのラウム（RAUM）の開発に携わった。

トヨタほどのでかい組織（世界で約37万人）になると、いわゆる通常の優秀な人材は星の数ほどいる。彼らは言われたことをきっちりこなすが、ゼロから新しいものを作るとなると、まず見当たらない。

一方ロングセラーとなるスポーツカーの開発は、いくら市場調査しても答えが出てこない。「絶対これがいける！」というものを直感的に見つけられる人間でないとチーフデザイナーは務まらない。でもそうした人材は、同僚や上司から理解されないばかりか、嫉妬される存在なので、理解ある上の者が守ってあげる必要があるという。

86の開発チーフに選ばれた多田さんは、けっしてバランス感覚のいい男とはいいがたい。この本によると、パチンコにはまったり、趣味にハマるがすぐ飽きるという性癖があるようだ。でも、楽天的で世の中を見る目がある。しかも、能力のある他人の力を借りる天性の才がある。だから、ライバル会社のマツダに乗り込み、いきなり貴島さんに教えを乞う。エンジン開発では、最新の直噴エンジンの担当者に直談判して、モノにする。

じつは、直噴エンジンは、三菱自動車が社運をかけて推し進めたエンジンだったが、ガソリンと空気の混ざり具合のムラからくるスパークプラグのクスブリなどの致命的な欠陥があり、三菱の屋台骨を大きく揺さぶった訳アリのメカニズム。多田さんは、古巣でのこうした蹉跌を知ってか知らずか、果敢に前に進めていく。

スバルとの共同製作についても、いわゆる優等生では切り抜けられないおおくの課題がハードルとなって立ちふさがる。そもそも企業文化が異なり、モノづくりの基準自体が微妙に違う。これを乗り越えるには、学業ができるだけの人ではとても前に進まない。

こうしたモノづくりのハードルは、どんな仕事にもたぶん共通しているところがある。そこに、読者は共感を得るのだと思う。

筆者は、この本を足掛け4年かけて取材したという。たしかにその足跡は、理解できる。

でも、文体自体が新聞社の記事のように、短くいっけん理解しやすそうに見えるが、なんだか、短い文をべたべた貼り付けた感じで、伝わりづらい印象だ。厳しい言い方だが、筆者自身がクルマのメカニズムを身体で理解できていないからだと思う。肝心の直噴エンジンの内容も書き切れているとはいいがたい。だから、これを補うため、いくつものエピソードをうっとおしいほど書き連ねることになる。リアリティがないのだ。

思わず赤ペンで修正したくなる箇所もあった。スバルの水平対向エンジンに直噴システムを組み込んだ新エンジンを馬力などを測定するとき、「作業台に取り付け……」とある。えっ？　普通の作業台にエンジンを載せてどうするの？　ここは、「エンジンテストベンチにセット……」とか、あるいは「エンジンダイナモに取り付け……」と表現しないと、ギャグに見える。筆者の経歴を見ると、油で手を汚した経験がないようなので、せめて、修理工場で2週間バイトするとか、友達の草レースの助っ人で数回クルマいじりを体験する必要があった。

読みやすさ　★★★　　知識増強　★
物語の楽しさ　★★　　新ネタの発見　★★★
残念なポイント　「エンジンの音が聞こえてくるような、あるいは走行音が聞こえるような文体とは程遠い」

★鎌田慧著『自動車絶望工場』（講談社文庫）

―日本のモノづくりの脆弱性を解消する手段は意外とセル生産にあるのかもしれない。

（1983年9月刊／単行本は1973年9月）

自動車が、庶民レベルにまでいきわたった社会。これをモータリゼーション化された社会と呼んでいる。自由に行き来できる理想の社会の具現化という認識だ。ところが、そのモータリゼーション社会を支える底辺では、どんなことが起きているのか？

そのことに注視して巨大自動車工場（トヨタ自動車）に6か月間期間工として潜入したリポートがこのルポルタージュである。1972年9月から6か月間。時代はちょうど一家に一台マイカーを持つ頃でもあり、排ガス規制が厳しくなり始めていた時でもある。

ひとことで言えば、ベルトコンベアによる自動車づくりの現場は、極めて非人間的な職場だということだ。非人間的という抽象的な表現では伝わらない。筆者は、マニュアル・トランスミッションの組み付け工程の仕事に就いた。トランスミッションとは、エンジンで作り出した動力をそのときの走行状態に都合のいいように変速ギアのかみ合わせでトルクを変化させる装置。構造はインプットシャフト、カウンターシャフト、アウトプットシャフトの3つのシャフトのまわりに各種ギアが取り付き、それらが一体でアルミ合金製のハウジングと呼ばれる円錐形ケースに収まる。このアッセンブリー部品を組み付ける工程だ。当時、これを約8名の作業員がベルトの上を流れてくる部品を各担当別に組み付けていくという内容だ。

簡単に言えばチャップリンの映画「モダンタイムズ」である。プラモデルの部品のようにハイハイっとばかり取り付けていけばいいだけでしょう。と思いがちだが、とんでもない。ハンマーで叩いて部品を挿入したり、背後の部品棚から部品を運んだり……目まぐるしく体を動かさないと隣の人に迷惑がかかる。上手に川下の作業員に仕事をつなぐ必要がある。これを残業を入れて10時間もやればよほどの強靭な人間でも、おかしくなる！　ヒューマニズムからかけ離れた作業。図らずも日本のモノづくりの代表選手・自動車産業の脆弱性を示している。

じつは、書評子も同じころ短期の工員として日産の村山工場の工員として仕事をしたことがあるので、肌感覚で感じ取っていた。

いまでも強烈に思い出すのは、説明担当者が業務中に機械に巻き込まれ片腕をなくした（であろう）人物（この本にも仕事中の事故で身体の一部を欠損した人物が複数登場してくる）で、声高かつ強権的にまくし立てていた。配属したのはプレス工場で、ボンネットを平板から2段階だか3段階で成形する部署。見上げるほどのプレス機の4隅に4名がスタンバイし、川上の2人が、半製品をプレスの金型に乗せる。乗せ終わると、4名はスイッチを押す。すると上の金型が下にズトンと落ちてきて、成形されるというものだ。このスイッチがすごい。ひとり2つの直径8センチ前後のでかいボタンスイッチを後ろ手で押す方式。つまり指や手がプレスで潰される事故を防ぐための安全策。

このスイッチ計8個が同時に押されないと、うまく作業が終わらない。だからリーダーのかけ声とともに一斉にボタンを押すことになる。これが、左右タイミングが少しづれると途中でマシンがガガガゥっと止まり、みなに迷惑がかかる。なんとも、難儀な仕事だった。

この本にもあるが、こうした工場、つまりベルトコンベアで機械に使われる作業では、人間考えることはみな同じ。時間が早く過ぎ去り、自由になりたい。無想になり、なにか哲学的なことや能動的な考えをまとめようなどとてもできない。ここに、人間性の否定が忍び込むのである。

幸いというべきか、書評子は10日ほどでこの工場は首になった。3回遅刻（といってもわずか10分だが）したおかげだ。自慢じゃないが学生時代、約20数種のアルバイトをした経験があり、途中で挫折したのはこの自動車工場だけだ。この時の体験は、今でも強烈な体験として記憶のなかに沈着している。

だから鎌田氏が6か月間もの間この仕事を全うしたことは奇跡に近い。そのあいだ数多くの同僚が仕事に挫折したり、ケガをしたりして辞めていった。しかも鎌田氏は、クタクタになった身体と頭にむち打ち克明に日記をつけた。周囲の同僚などの動きを含め緻密にこまめに観察もして記録した。さらに労使関係のヒストリーも巻末につけることで、全体像を描いてもいる。いわば地面をはいずるアリの目線と上空を飛ぶタカの俯瞰的な、2つの目線を備えながら観察している。この本の迫力の源泉は、まさにここにある。

この本は発刊時（1970年代）に大きな反響があり、関係者のひとりとしてさっそく目を通そうとした。読みはじめたものの、あまりの身につまされる残酷さにおののき1／3ほどのところで途中で投げ出した前科がある。40数年ぶりに改めて、最後まで読んでみると、やはりドキュメントの持つ迫力は少しも色褪せていない。ロボットが参入し生産台数がより膨大になってはいるが、作業員が置かれている境遇にさほど変わりがないようだ。逆に作業員がロボットにせかされる側面が生み出され苛酷さが増しているのかもしれない。

自動車関係の人間は500万人とも600万人。そう考えると、この本で縷々述べている作業員たちの悲鳴は、決して他人事ではない。クルマを購入し、生活に潤いや豊かさを得ている自動車ユーザーも片棒を担いでいる、といえなくもない。妙に聞こえるかもしれないが、日本人なら多少なりとも自動車産業のおこぼれをいただいていることは否定できない。

日本人一人残らず、この叫びに耳を傾けないわけにはいかない。その意味でも、間違いなく、ルポルタージュの金字塔を打ち立てた記念すべき労作だといえる。英語やフランス語に訳され、広く読まれている本であることも納得がいく。

これまで記事を書くために書評子もいくつもの工場を取材してきたが、ベルトコンベア方式のモノづくり工場は、多かれ少なかれ、鎌田氏が体験した世界。ベルトコンベア方式と対極にあるセル生産方式をとるモノづくり工場は、はるかに人間的だという印象だ。

ベルトコンベア式は、とくにスキルが必要とされていないが、自分が何をしているのか？　何をつくっているのか？　どういう役割を演じているのかがまったく見えない。分業の細分化だからだ。つまり当事者意識がないため、非人間的作業の世界に陥る。働く側から見ると、ベルトコンベア式生産方式は非人間的な装置だ。

その点、セル生産方式は、効率こそ見劣りするが、複数の業務内容をひとりの作業員が担当するので、スキルの取得が必須。コの字型に作業台で、ひとりの作業台が複数の作業をおこなうため、細胞に見立てセル（ＣＥＬＬ）と称する。生産性のうえでは、ベルトコンベアにはかなわない。が、多品種少量生産に適する。作業者への責任感、士気の向上につながり（クルマの修理をすると達成感や充実感を覚えるのとほぼ同じではないだろうか）、人間性の尊重にも結び付くものづくり。

自動車メーカーが、このセル生産への切り替えが、できない理由はいくつもある。ひとつは大量生産だと思うが、すでに家電メーカーなどではセル生産はごく一般的になっている。

自動車メーカーの一部にも、すでにセル生産が導入されていると聞くが、旧弊にしがみつく国内メーカーでは難しいのだろうか？　弥縫策だとは思えない。

読みやすさ　★★★★　知識増強　★★★★
物語の楽しさ　★★　新ネタの発見　★★★
残念なポイント　「うっとうしくならない程度の専門用語の解説があればもっといい」

★涌井清春著『クラシックカー屋一代記』（金子浩久構成／集英社新書）

―クラシックカーの舞台裏を明かしてくれた。（2023年3月刊）

クラシックカーという言葉は先刻承知だけど、どこからどこまでの時代のクルマを指すのか？　具体的にどんなブランドのクルマをクラシックカーの範疇に入るのか？　そもそもクラシックカーの資格を持つための必要十分条件とは何か？　クラシックカーの市場はどうなっているのか？　クラシックカーなるクルマを所有しているユーザーはどんな人で、どんな使われ方をしているのか？

たしかにクラシックカーの何台かは、たとえば愛知県にある「トヨタ博物館」あたりに足を運べば、ピカピカで動態保存された完璧な状態で眺めることができる。でも、上記なようなリアルな情報となると、なかなかうかがい知れない。

そうしたクラシックカーにまつわる疑問の数々をこの本は、簡略に答えてくれる。

筆者の涌井さんは、東京台東区で3代続いた時計の卸売業だというから面白い。団塊の世代のよくあるパターンでバイクに関心を持ち、クルマにシフトした。ここまでは珍しくないが、気がつけばクラシックカー、それも超レアな英国のロールスロイスとベントレーに特化したクルマ屋さんになった。

涌井さんが、ふつうの輸入車中古車業者との大きな違いは、物事にとことんこだわることだった。ベントレーをいろいろ調べるうちに、例のカーグラフィックの故・小林彰太郎氏と知り合う。白洲次郎（1902～1985年）が戦前英国ケンブリッジに留学中に乗っていた1924年製ベントレー3リッター（水冷4気筒、70ｈｐ　最高速80ｍｐｈ）が英国で現存することを知り、苦労の末に買い付ける。

白洲次郎は言うまでもなく、戦後すぐの連合軍占領下の日本で吉田茂（１８７８～１９６７年）に懐刀として活躍した人物。政界から離れては東北電力の会長を務めるなど実業家でもあった。夫人は、美術や文芸をたしなんだ白洲正子（別名「韋駄天のお正」）である。このベントレーは、１９２５年の冬ジブラルタルまでの欧州大陸旅行、いわゆる日本人初のグランドツアーを実行した記念すべき車両である。その吉田茂ゆかりのロールスロイス１９３７年製25／30ＨＰスポーツサルーンも手に入れている。

涌井さんは、35年間で約６００台のＲＲとベントレーのクラシックカーを販売してきたが、そうしたなかで、自然と比類なき自動車愛が高じて、販売しないクルマを集め、ついにはクラシックカー博物館を作り上げてしまった。それが、埼玉県加須市に２００７年8月にオープンした「ワクイムユージアム」である。このミュージアムの特徴は、規模の大きさを追い求めるのではなく、内容の独自性と動態保存である。つまり、燃料とエンジンオイルを入れれば（もちろんバッテリーも元気なものにして）かつてのようにすぐに走り出すことができる状態にしている。

このころのクラシックカーは、現代のモノコックボディではなく、フレームとボディで構成された車体。だから、ボディは、コーチビルダーと呼ばれる職人の手で、顧客の要望を反映させて造り上げていた。1台として同じクルマはなかったともいえる。それはまるで、少し前まで街にあった洋服屋さん、テーラーの世界だ。背広なら、上着をシングルかダブルにするか？　ツーピースかスリーピースか？　生地はどうするか？　裏地は？　ボタンは？　ゆるめか、きつめか？　数年後の体形の変化に応じて仕立て直しができるような仕掛けを備えている。こうしたことを全部自分で、テーラーと相談しながら決めていく。ゆえに既製服にはない深い愛着が育つ。それと同じ手法でクルマのボディ、つまり形や細かなところ（ドアのデザインやガラスなど、使い勝手が違ってくるところ）を決めていく。

涌井さんのクラシックカービジネスのなかに、ただクルマを売るのではなく、ビスポーク（bespoke）と呼ぶプロセスでクルマを仕上げていく部門がある。つまりBE SPOKEN「話し合ってクルマを作り上げる」ということだ。オリジナルな自分だけのクルマをつくる喜びだ。

この本には、デジタル時代にふさわしいクラシックカーの蘇り作戦ビジネスが掲載されている。ベントレーがいまから100年前にベントレー・スーパーチャジャー付き4 1／2リッターブロア」の「コンティニエーション（継続）・プロジェクト」を解説。オリジナルの車両の全部品をバラシ、各パーツを3Dプリンターで製作し、まるごと1台を作り上げる。使用する工具やジグもみな当時のものを使うという。いわば〝クローンのクラシックカー〟を12台造り上げるというのだ。なんと価格は2億円ほどだというからすごい。量産車、いってみれば〝吊るしのクルマ〟に乗るわれわれから見れば、夢のような話が散らばる本だが、世界がまるで別次元だから嫉妬心など1ミリも湧かない。

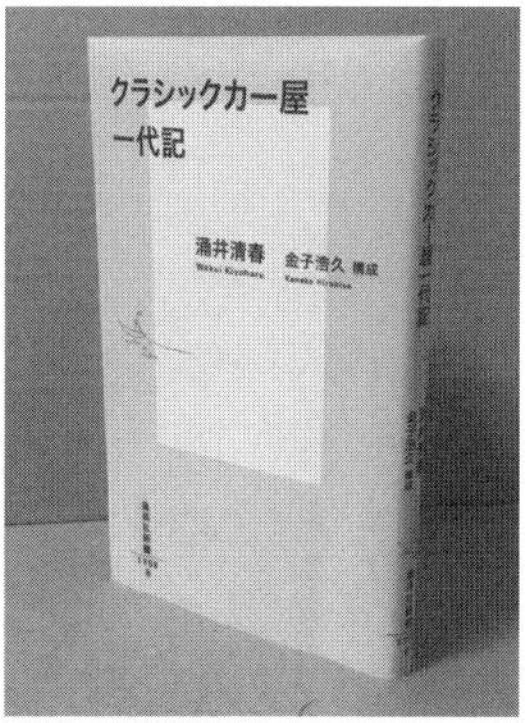

読みやすさ ★★★★
知識増強 ★★★
物語の楽しさ ★★★
新ネタの発見 ★★★★

★井上久男著『日産vsゴーン』（文春新書）／
★高杉良著『落日の轍（わだち）—小説日産自動車』（文春新書）
—この2冊に目を通せば、日産がどんな企業かがたちどころに理解できる。（2019年2月、2019年3月刊）

横須賀市夏島にある日産追浜工場。最盛期にはブルーバードの組み立て、いまもEVのリーフの組み立て工場でもある日産の輝かしい歴史を語るうえで欠かせない、マザー工場である。由緒あるテストコースは、近くの野島公園から一望のもとに眺められる。

カルロス・ゴーン氏が、日産に乗り込んで1年たつかたたない時期だったか、その追浜工場に取材に行ったところ、玄関の車寄せのところにどす黒い色をした胸像がたっていたのを鮮明に覚えている。1960年代から70年代にかけて日産を支配していた川又克二会長（1905〜1986年）の銅像である。いくら功績のあった人物でも、銅像は通常死後功績を懐かしんで建造されるものだが、その造像は本人が権勢をふるっていた時期に建てられたとして、話題にのぼったものだ。

さすがに、その銅像もゴーン氏が赴任してしばらくのちには撤去された。余計なお世話だが、撤去する日産マンたちのその時の気持ちはいかがだったのか！

紹介する2冊は、井上久男著「日産ｖｓゴーン」（文春新書）と高杉良の「落日の轍（わだち）—小説日産自動車」である。前者は、朝日新聞の自動車担当記者である筆者が、永年日産を取材しての迫真のドキュメント250ページ。後者は、ゴーンの前の日産、いわゆる労働貴族と呼ばれた労働組合のドン・

塩路一郎氏（1927～2013年）といち銀行マンから昇り詰めた川又克二氏、〝天皇〟と呼ばれた石原俊氏（1912～2003年）と過剰な個性をみなぎらせる人物が登場する波乱万丈の企業戦国物語。文庫本で265ページ。

あの時インタビューした日産マンのやるせなさもなんとなく伝わる。日産のこれまでの歴史やエピソード、人間同士のドキュメントを知れば知るほど、日本人の宿痾ともいうべき、さまざまな課題と二重写しになり、息苦しさを覚えるかもしれない。

読みやすさ ★★★★　知識増強 ★★★★
物語の楽しさ ★★★　新ネタの発見 ★★
残念なポイント「中間管理職あるいは現場の社員の目線が不足している」

★柳瀬博一著『国道16号線』（新潮文庫）
―奇しくもそれは一幅の日本人論を知ることになる。
（2023年5月刊／単行本は2020年11月）

日本の国道の数は、459もあるという。

だれもが思い浮かべるのが、旧東海道と大坂街道を前身とする、東京・日本橋から大阪市北区を結ぶ国道1号線だ。

この本のタイトルはずばり『国道16号線』。関東に住む人には、「国道16号線ね、東京湾を大きく内陸方面に囲い込んだ、環七、環八なんかよりかなり郊外を走る国道ね」とおおむね分かるが、関東以外の地方に住む人には、国道16号線といわれても、ピンとこない。だから、ずいぶんローカライズした本だと思われるに違いない。本屋さんの棚から間違って抜き取っても、すぐ戻してしまうに違いない。

ところが、である。メインタイトルはたしかに「国道16号線」とはなってはいるが、よく眺めると、その横にひかえめに《日本をつくった道》とある。ン？〝日本をつくったという道〟がそもそも世の中に存在するのか？　それが関東圏にある国道16号線だという。思わず眉に唾をつけたくなるが、その真偽を確かめたくもなる。

そこで、目をこすりながら目次を眺めてみると、「日本の最強郊外道路」とか「16号線は地形である」とか「戦後日本音楽のゆりかご」「カイコとモスラと皇后の16号線」……幾重ものモヤモヤがあるものの、心が揺さぶられる文字が飛び込んできた。サブタイトルは、まんざら嘘ではないかも？

これまで国道16号線は何千とは言わないが、少なくとも50回100回近くは車で走ったことがある。横浜から町田、あるいは八王子が多いが、ときには羽村や狭山方面まで足を延ばしたことがある。渋滞に巻き込まれるのを避けるため、一部国道16号と平行に走る町田街道を利用して八王子を越えるのに苦労したとか、橋本五差路で道に迷って途方に暮れた、など苦い思い出がよみがえる。

筆者の勇敢さというか無謀さは、本の冒頭にある。「日本の歴史の中心には有史以来現代にいたるまで、1本の道が走っている。国道16号線だ」とずばり、イの一番にいいきっているのだ。

国道16号線の起点と終点は横浜市西区なのだが、実際は横須賀の走水から、スタートして横浜までの海辺を走り、内陸の町田、八王子、福生を抜け、埼玉の入間、狭山、川越、さいたま、春日部を過ぎ、千葉県の野田、柏、千葉、市原から再び東京湾岸に出る。木更津を越えて富津の岬に到着すれば、海を挟んでスタート地点の横須賀が見える。実延長326・2㎞。だいたい横浜から名古屋までの距離だ。

この本を読み進めると、国道16号線という道路がただの道路ではないことがわかってくる。馬蹄型をした東京湾を取り囲んだ自動車が走り回る物流や人を運ぶ通路だけではない。そこには、この道路が語る長い歴史の人々の暮らしや産業、文化が埋もれている。日本の近代は江戸の末期に太平洋の向こうからやってきたアメリカの黒船に無理やりこじ開けられて始まったのだが、その舞台は浦賀だ。浦賀は、そういえば国道16号線沿いだと気づく。こうして読者に小気味よいジャブを繰り出す。

鎖国を解き外国と交流を持ち始めた日本は、西洋と伍して生きるためには、産業を興す必要がある。殖産興業というやつだ。欧米から綿製品が押し寄せ、日本の経済はピンチ寸前。ここに救世主が登場した。蚕だ。蚕が作り出す絹織物で、輸入超過を防いだどころか外貨を生み出した。イタリアやフランスの蚕産業がカイコの病気で大打撃を受け、中国もアヘン戦争の影響で生産がダウン。その間隙をぬって日本の生糸産業は、現代の自動車産業と同じくらいの頼れる大黒柱となり、日本の富国強兵を進めるけん引力になった。横浜の山下公園近くにいまもシルクセンターがあることから分かる通り、八王子あたりで生産された絹を横浜に運び海外に輸送した。これがまさに絹の道で、現在の国道16号線と重なる。これはまさに強めのパンチだ。

「戦後日本音楽のゆりかご」というのは、意味深だ。終戦後アメリカの進駐軍が横須賀や福生の横田基地など全国約500カ所に進駐軍クラブができ、そこでは夜ごと洋楽が奏でられた。そこで多くの日本人ミュージシャンが育ち、その後の日本の音楽シーンに大きな影響を与えた。ユーミン、坂本龍一・細野晴臣らのYMO、大瀧詠一・松本隆らのはっぴいえんど、桑田佳祐らのサザンオールスターズなど、みんな元は16号線沿いに広がる進駐軍クラブがルーツなのだという。こいつは、いきなりのアッパーカットだ。

今どきの日本人は、どこに居《きょ》を構えるかを決めるとき、優先順位として職場からどのくらい時間がかかるか？　あるいは最寄りの駅から何分か？　といったことに注意を払うのが当たり前になっているが、古代や近世では全く異なる事項が優先順位だったという。どこが住みよいか？　それは台地と川や海辺があるかということだった。谷戸という言葉がすぐ思い浮かぶ。沢の近くの少し低いところに住居を定める古代人。あるいは、書評子の住む横浜にも縄文や弥生人が住んでいた集落跡があるが、いずれも台地の上が多い。経験から水の便があるが水害の恐れがないところ。国道16号線を調べると、みなこの条件に適っているという。台地には古代の人々の暮らしのあとを残す貝塚がタイムカプセルのように埋まっていて、近代には飛行場がその台地の上に複数展開している。

筆者は、国道16号線という象徴的な幹線道路に横ぐし、縦ぐし、斜めぐしを入れることで、時代により変化していった16号線沿いの人々が残していったキーワードを丁寧に拾い集め、日本人の歴史を鮮やかに浮かび上がらせる。人の行き交う道路を主人公にした野心あふれる一冊だ。

読みやすさ　★★★★　知識増強　★★★
物語の楽しさ　★★　新ネタの発見　★★★★
残念なポイント「せっかくの図版で説明するものの、文字が小さくわかりづらい。索引があると引き締まるも、編集者の怠慢がうかがえる」

★橋本倫史著『ドライブイン探訪』（ちくま文庫）

—熱量の高い記事が目白押し文庫である。（2022年7月刊）

「うん？　ドライブイン！」この文庫本のタイトルを見て、正直いって不思議な感じに襲われた。

〝ドライブイン〟はいまや死語になりかけている言葉だからだ。奥付をのぞくと2022年7月とある。印刷所から出てきたばかりの新刊文庫本。ドライブインは、わずかながら生き残ってはいるだろうが、斜陽産業をあえてメインテーマにして本ができあがる！　そこに出版世界の不可思議さが漂う・・・そう考えるのは深読みだろうか？

突き放して考えると、そもそもドライブインに興味のある読者がどれほどいるのだろうか？　そう考えると疑問符が湧いてくる。それゆえに大きな狙いというか追求すべき何かがあるハズ。鉱脈が隠されている？　そこに思い至ると、猛然とこの本への読書欲が湧いてきた。

ドライブインは、日本のモータリゼーションの始まった1960年中ごろから出現する。まだ未舗装路が大半の昭和の中頃。晴れた日には埃が立ち込め先が見えない。雨になると泥をかぶる幹線道路のあちこちに、観光バスの乗客やトラックの運転手を顧客としたドライブインがあった。小さかった子供時代自転車で走り回っていたころを思い出す。峠を越えられず途中でエンジンを冷やしていたバイク（たいていはアルミの洗濯ばさみをクーリングフィンに取り付けてはいた）が珍しくなかった。

ところが、にぎわっていたドライブインも、高速道路が張り巡らされた1990年代には斜陽産業の仲間入りになってくる。

それでも、いまでも少数とはなったが、全国には多くのドライブインがあるという。時代の波を乗り越え生き残ったドライブイン。それは地元の顧客に支持されたドライブインや、ファミレスにはできない地場の食材を使った料理を提供するドライブイン、さらには家族経営独自の接遇待遇型のドライブインが、ドッコイとばかり、いまでも生き残っている。

この本は、狭い意味での「ドライブイン・レストラン」の探訪記である。この本の非凡なところは、日本の道路の行き末はともかく、来し方を教えてくれる点だ。単なるルポで終わらない。

たとえば、日本の動脈である東海道の起源は、江戸期ではなく、なんと1000年以上の昔にさかのぼる、という。

律令制の中央集権国家を構築するうえで「五畿七道」という行政区分から始まった。五畿とは大和、山城、摂津、河内、和泉の畿内五国を指し、七道とは東海道、東山道、北陸道、山陰道、山陽道、南海道、西海道をいい、これは道路の意味だけではなく、区画（地域）をも意味した。東海道に「宿」ができたのは鎌倉時代で、これが整備され、江戸時代には参勤交代制度が後押しして地方文化と江戸の文化の交流が起きる。なるほど、ひとつ利口なった気分。

日本の高速道路がどういう背景でできたかも、この本は丁寧に教えてくれた。

そもそも敗戦後10年ほどして、日本の発展を意図して、世界銀行の肝いりの調査団が日本の道路事情を世界的視野で点検された。それが1956年のワトキンス調査団というもので、「日本の道路は信じがたいほどひどい。工業国として道路網をこれほど無視してきた国は他にはない」とボロクソに評価。当時の日本人は、これに反感を抱くことなく、逆にこの進言をいわば〝錦の御旗〟として、高度成長経済の青写真のうえに、ハイウエイ建設に努力を傾ける。そして7年後の1963年には名神高速道路、さらにそこから6年後には東名高速道路が完成している。思わず心のなかで、「ヘッ〜！」と叫ぶ。

北海道から沖縄まで22件のドライブインを緻密に取材しているから、こんなにも広い世界観の風呂敷を広げてくれる。

　単なる探訪記だけに終わっていないのは、著者の広い好奇心と分け隔てしない他人への熱いまなざし。ドライブインは、基本的に家族経営なので、なぜドライブインに携わっているのか？　その前のキャリアはどうなのか？　それぞれのドライブインには繁栄と停滞、そして先細りなどの紆余曲折がある。その著者は、いきなりマイクを突き付ける不躾な直球ではなく、何度も足を運び、まるで永年の知り合いか何かになったかのように親密さを醸成し、本質に迫っていく。

　ドライブインのスタイルは、カレーやうどんそば、ラーメンというメニューだけではない。意外と千差万別だ。

　店内に入ると土間の続きに設けられた「小上がり」に筆者の目線が注がれる。「蹴上がり」ともいわれるこの小さな座敷は、足を延ばしフッと一息つける空間の存在。ここにこそジャパニーズスタイルのドライブインがあるといっているようだ。

　筆者は、1982年広島生まれのライターだが、生まれて初めて自分が追求したいテーマがドライブイン。熱意がこうじて「月刊ドライブイン」というミニコミ誌を製作、これがキッカケで単独の本になった。それだけに熱量の高い記事が目白押し文庫である。次ぎ、クルマで旅するときは、ファミレスではなく、ローカルなドライブインに立ち寄りたくなってきた。

読みやすさ　★★★★　知識増強　★★★
物語の楽しさ　★★★★　新ネタの発見　★★★★
残念なポイント「あとがきにイマドキの高速SEの実態を載せ、ドライブインとの違いを鮮明化するのもよかったか？」

★片山修著『豊田章男』（東洋経済新聞社刊）
―曲がり角にきている自動車メーカーのリアルな生き残り策がわかる。（2020年4月刊）

いろんな媒体が増えたせいか、人は昔ほどテレビの前にかじるつく姿が少なくなった。

とはいえ、妙に気になるＴＶコマーシャルがある。『トヨタイムズ』というＣＭである。俳優の香川照之（当時、のち元テレ朝アナの富川悠太にバトンタッチ）を編集長に仕立て、トヨタのイベントを数秒でアピールする。これって、企業自体がメディアを持ち世間に発信するオウンドメディアという新手の自社広告の手段だ。

媒体は、本来〝公平・中立〟が原則。だから、企業自前のメディアは公共性を欠き、本来あり得ない。でも、公平・中立の新聞社や放送局も、広告収入で活動を続ける以上、その理念は建前に過ぎない、ということは誰しも指摘するところ。でも、企業が媒体を持ち、社会にさも公平を装いながら大衆に訴え掛ける……というのは疑問が残る。しかも、2021年末にお台場で発表したバッテリーEVの大々的記者会見。豊田章男社長が10数台の未発表のBEVをバックに、大きく手を広げているあの動画。これを、飽きずに6か月以上流し続けた。まともな媒体なら「終わったニュース」を流し続けることができる、というのもオウンドメディアの剛腕さなのである。

調べてみると、トヨタは、これ以外にもSNSをフルに活用して、新しいモノづくりTNGA（トヨタ・ニュー・グローバル・アーキテクチャー）を佐藤浩市、三浦友和、黒木華、永作博美など豪華な俳優陣を使い、とくにメカに強くない消費者にもわかりやすい動画を展開している。

さらには、レーシングスーツに身を包んだ章男社長は、トヨタ車でサーキットでの競技に参加し、それをSNSにアップし、話題作りに励んでいる。時代は、たしかにこの方向に向かっていることは理解できるが、何もそこまでしなくても……という思いが湧いてくる。

この本によると、こうしたトヨタのトップは何を考え、どこに向かおうとしているのか？　そして何を望んでいるのか？　世界には約37万人のトヨタ従業員がいる。家族を含めると、100万人以上。サプライヤー、ステークホルダーといわれる人たちを入れると、数百万人。この人たちに理解してもらうために、章男氏自ら、あえてこうした露出を展開しているのだという。

その背景には、章男社長就任わずか2か月後の大事件があった、とこの著者は判じる。

2009年に起きたアメリカを舞台にした大規模リコール問題。「初動の動きが遅れたばかりに、3時間20分にもわたるアメリカの下院での公聴会で弁明しなければならなかった」からだという。大大ピンチに晒された章男社長は、前夜遅くまでスタッフと打ち合わせた予定稿を破り捨て、自分の言葉で終始語った。これが、大きく人の心を打ち、ピンチを脱することにつながった。だから、常に企業は情報を発し続ける必要性があり、オウンドメディアは一つの選択肢だという。

この本は、経済記者なので、廃油の臭いのする泥臭いエピソードは期待できないが、トヨタの過去・現在、そして未来に分け入ろうとする長編ドキュメンタリーである。豊田章男社長の人となりがそこそこリアルに描かれている。

読みやすさ ★★★★★
知識増強 ★★★
物語の楽しさ ★★★★
新ネタの発見 ★★★
残念なポイント「自我自賛なりがちなオウンドメディアの危うさについて描けていない」

★竹内一正著『未来を変える天才経営者イーロン・マスクの野望』(朝日新聞出版)
―21世紀の偉大な挑戦者にして変人の野心に迫る。(2013年12月刊)

日本人が取材して書いたイーロン・マスクの伝記だ。

2022年にはツイッター社買収で物議をかもしている。書評子が実業家イーロン・マスクの名を知ったのは、かれこれ20年ほど前。電気自動車が海のものとも山のものともわからない頃。当時は「へ～っ!」という感じで、いきなりカリフォルニアで、EVオンリーの自動車メーカーを買収し挑戦するニュースが耳に入ってきた。イーロン・マスクは、南アフリカで生まれ、カナダにわたり、そしてアメリカにたどり着いた移民である。1971年生まれ。

電気系のエンジニアだった父親とモデルで栄養士の母のもと、恵まれた家庭で育った男は、ペンシルベニア大学で経営学と物理学をまなび、24歳でソフト制作会社を設立。これを皮切りにさながら〝わらしべ長者〟のように、企業を売却、その原資で新企業を購入、さらにそれを育て高額での売却を繰り返し、雪だるま式に莫大な資産を手に入れる。

凡人は、そこがゴールとばかりリタイヤして優雅で退屈な暮らしを手に入れるものだ。

だが、イーロン・マスクの人生観はまったく異なる。ここからが本番の人生とばかり、テスラ・モータースをグローバルな電気自動車メーカーへと押し上げる。当初は、自動車のことがほとんど分からないベンチャー企業に過ぎなかったが、英国のロータスからシャシー技術を導入し、トヨタのレクサスでたゆまぬ仕事を続けてきた人材を取り込む一方、GMとトヨタ合弁のカルフォルニアの中古自動車工場を格安で手に入れ、ここをリニューアルすることで世界に高級スポーツカーのEVを送り出す。創業期のよちよち歩きがウソのように、いまや時価総額ではるかトヨタを抜く。

イーロン・マスクのすごいところは、モノづくりへの絶えざる好奇心と理解力、即決実行力、それに人たらし的魅力で多額の資金を集められる人間力。

驚くべきことに、このテスラのCEOだけではなく、同時進行で宇宙開発事業に乗り込み、着々と成果をあげている点だ。スペースX社の代表としての取り組みだ。さらにはツイッター社の買収。

とはいえ、艱難辛苦の連続。無人宇宙ロケット〝ファルコン9〟は、3回にもわたり打ち上げ失敗を繰り返した。それでもイーロンは、まったく絶望しない。それどころか、失敗は成功の元とばかり、知見を積み上げ、見事にNASAができなかったコスト1／10でのロケット打ち上げを実現して見せた。イーロンの夢である「火星への人類移住計画」に向けて進んでいく。

考えてみれば、現在世界の経済を支配しているIT企業は、アマゾン、アップルにしろフェイスブックにしても宇宙開発や自動車づくりに較べると、リスク度が一桁も二けたも低い。投資する金額の多寡だけでなく、人間の命がかかっているかを思えば、段違い。イーロン・マスクは、なぜ複数のリスキーな企業体を同時進行でアグレッシブに運営きるのか？「二兎を追うもの一兎をも得ず」でなく、イーロン・マスクは「一石二鳥」あるいは「一挙両得」のことわざを地でいくのである。

「いずれ地球は、人口爆発でほかの星に移住せざるを得ない。だから火星への移住を視野に入れている。それまで、できるだけ温暖化を押える意味で電気自動車の増殖に力を注ぐ」とイーロンは、彼の事業を説明している。「そもそもEVは化石燃料で電気をつくれば元も子もないという説があるが、そうではない。化石燃料をエネルギーとするエンジンは、入力したエネルギーのわずか40％しか車輪を回す力になっていない。つまり非効率。その点電気はたとえ化石燃料で作り出したものでも、途中でのロスは10％もいかず効率的。それに電気を太陽光または風力で作り出せば、完璧なエミッションゼロとなる」という理屈だ。

読みやすさ ★★★★　知識増強 ★★★
物語の楽しさ ★★　新ネタの発見 ★★★
残念なポイント「いまひとつ肝心のイーロン・マスクの人となりが描けていない」

小説

★海老沢泰久著『帰郷』（文春文庫）

―モデルになったホンダの栃木エンジン工場は、２０２５年に閉鎖する運命。（１９９７年１月刊）

短編である。文庫本でいえば、わずか35ページの短編である。小一時間で読破できる。ところが、一息いれて物語を振り返ると、なんだか５００ページを超える長編小説を読んだ気分になった。山椒のように小粒だが、ピリリと辛いのとはいささか違う。栄光の日々を暮らしてきた男の人生が、3年でがらりと暗転する物語。そんな運命を背負ってしまった主人公に共感せざるをえない人生の重さが、わずか35ページのなかに濃縮されているからだ。

タイトル名である「帰郷」という文字は、たぶん読者に誤解を生むにちがいない。一昔もふた昔も前の、いまや死語になりかけている「帰郷」。てっきり戦場から帰ってきた兵士の物語をイメージしがちだ。数行読み進めると、Ｆ１エンジンを整備するレーシングメカニックの物語であることがわかる。主人公は、栃木の工業高校を卒業し、故郷の街にある自動車エンジン工場に就職。乗用車のエンジン組み立て工員となる。20人の工員が順々にエンジンを組み上げていく、その一人だ。この工場の部署を様々移動することで、3年でエンジンのすべてのことを覚えてしまった。エンジンはボルト1本まで含めて約６００点の部品から成り立っているが、その組み立て方、ボルトなどによる締め付け具合、各部のクリアランスなど、微妙な世界まで肌感覚で身に付けた。書評子もかつてとある取材で、まるで「このひと、エンジンの化身では？」という人物に数人出会ってきたが、この主人公もそれに近い。

そんな時、たまたまＦ１マシンの整備士を募集していることが主人公の耳に入った。強い意思と周りの勧めと推薦もあり、競争率３００倍の難関を突破し、晴れてＦ１レーシングメカニックの仕事に就くことができた。ただし3年間という期限付きだ。

Ｆ１エンジンは、ふだん組み付けているエンジンと重量こそあまり変わりはないが、パワーが約3倍。回転数は1分間に1万３０００回転、剥き出しの排気管が真っ赤に染まり、防音装置の付いていないＦ１はすさまじいエキゾーストノートを発する。でも、それに引き換え、耐久性は10時間とは持たない。レース時間内で、フルに活躍するだけの耐久性しか与えられていない。

主人公は、メカニックとして世界中のサーキットを飛行機で飛び回り、緊張と不安、そして爆発する喜び、戦場にいるのと同じような生活を3年間送る。そして、ふたたび退屈な生活へと戻る。「故郷」に戻った主人公は、大きな喪失感に襲われるだけでなく、付き合っていた女性との心の乖離を覚える。

この短編に出会う前までは「クルマの登場する小説でろくなものはない」、そんなことをボンヤリと決めつけていたところがあった。かなりの無知蒙昧と猛省する。海老沢泰久（１９５０〜２００９年）の描くクルマの世界は、一皮もふたかわも剥けた完成度の高いリアルな世界を展開する。余談だが、モデルになったホンダの栃木エンジン工場は、ＥＶに全面的に方向変換することで、２０２５年に閉鎖する運命。その意味でも、記念碑的な小説である。１９９４年の直木賞受賞作品だ。

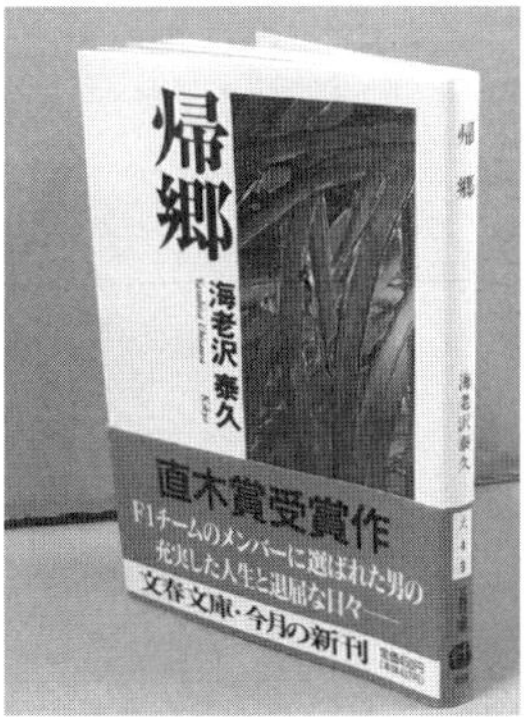

読みやすさ　★★★★　　　知識増強　★★★
物語の楽しさ　★★★★★　新ネタの発見　★★★★
残念なポイント「特になし」

★沢村慎太朗著『自動車小説』（文踊社）
――この書物、40～50歳台のクルマ好きには受けるんだろうな。（2013年7月刊）

『自動車小説』というのがタイトルである。筆者は1962年生まれの気鋭の自動車ジャーナリストである。経歴を見ると、早稲田で美術史を専攻し、自動車雑誌の編集を経験したのち現在自動車の評論に携わっているという。

それにしても、タイトルが奇妙というか面白い。私の理解だと、そもそも小説という形態は、明治期に強烈な西洋のイブキに触れた文人がある意味自我に目覚め（覚醒？）、自分の体験や見聞を軸に読者のココロに刺さる物語を書き連ねた。それが、読者を獲得し市場を形成して、雑誌文化や映画文化、演劇の世界にまで広がった。ざっくり言えばそんな感じだ。

いまやその小説のジャンルは、幅広い。思いつくままに書き連ねると……推理小説、恋愛小説、青春小説、経済小説、政治小説、歴史小説、ホラー小説、冒険小説、ＳＦ小説、官能小説などなど、人間が人として動きまわるフィールドだけ小説の種類はあるともいえる。

だから、自動車をテーマにした小説も、さほど数は多くはないがなかったわけではない。たいていは産業スパイ小説やＳＦ小説にカテゴライズされていたケースである。

ところが、この本は、『自動車小説』とわざわざ謳っているぐらいだから、自動車のことがざっくり８割がたを占めている。木でできたピノキオ人形が命を吹き込まれ、活躍するように自動車そのものが主体性を維持して主人公となるわけではない。あくまでも元気のいい青年がもっぱらスポーツカーやスーパーカーをあやつる世界。

これを11個の短編集で描いている。たとえば、『辻褄（つじつま）』という作品では……「電装系を確認する。後輪デファレンシャルの作動制限装置は電制。おそらくＸＫＲのそれと同じＧＫＮ社製の電制ＬＳＤだろう。４輪に適宜ブレーキをかけてクルマの姿勢を整える挙動安定システムは、アクセルを踏みすぎて駆動輪が空転したときにエンジンを絞ることでトラクションコントロールと協調して制御されていて、これはコンソール上のチェッカーフラッグ印スイッチを押せば、通常モードよりも割込みが遅れ、わざわざ姿勢を崩すような運転を許容する辛口モードに切り替えることができる。ここも以前と同じだ。ディメンジョンも１８１０キロの車重もＸＫＲと同じ。その一方で機械過給されるＶ８は、排気量も圧縮比もＸＫＲと同じままで馬力が一割ほど盛られている」

難しい！　思わず大阪弁で「何ィ？　いうてまんねん？」と茶々を入れたくなる。よほどのマニアでないと理解できないと思う。しかも、息の長い文章だ。野坂昭如もたまげるほど。短文を肝としている新聞社のデスクなら、複数の文章に分解され、赤入れされるに違いない。

なかには男女の微妙な心のやり取りを織り込んではいるが、こうして切り取られてしまうと、オートメカニックやかつてのカーグラフィックの記事のような特定のマニアにしか通じない世界観。しかも登場するクルマは、ジャガーＸＫＲ－Ｓ(上記の例文)、ランボルギーニ、フェラーリ、ロータスエラン、ベントレーコンチネンタルＧＴＣなど、生活感のない、とてもじゃないが庶民には手が届かないクルマ。その意味では「トップエンド・ブランド小説」ともいえる。だからか登場人物の造形は、クルマの陰に隠れている。

たしかに、こうした文章が色濃く表現した小説はこれまでなかった。その意味ではチャレンジングで、筆者の野心が伺える。小説は、人間を描かなければだめという強迫観念が支配的な読者には受けないが、いまや、ケータイでの「ライトノベル」というカテゴリーもあることだし、な〜んでもＯＫなのかもしれない。ともあれこの書物、40〜50歳台のクルマ好きには受けるんだろうな。

……たとえば、阿部公房の代表作「砂の女」のような一種の幻想小説という器に自動車を投げ込んだ、そんな小説はありうるか? あるいは、70年代にキャブレター(気化器)のパイロットジェットの調整を通して哲学を論じたロバート・パーシングの小説『禅とオートバイ修理技術』のようないっけん親和性のないハイテク機械と哲学の融合など……。大きく飛躍することで新しい物語の地平が開ける。『自動車の小説』のページを閉じて、ふとそんなことを考えた。

読みやすさ　★★★　知識増強　★★★
物語の楽しさ　★★　新ネタの発見　★★★
残念なポイント「オイルの臭いがただよってこない。リアリティ感に欠けるところがある」

★アーサー・ヘイリー著『自動車』(新潮文庫／永井淳訳)

―古典とまではいかないまでも長い風雪に耐える作品。(1978年刊)

前回は「自動車小説」を取り上げたが、ズバリ『自動車』(原題「WEELS」)である。アメリカの流行作家アーサー・ヘイリー(1929~2004年)の手によるゼネラルモーターズ(GM)を舞台にした自動車をとりまく人間模様を描いた小説。

1971年発表で、2年後の1973年に邦訳されている。そして1978年に新潮文庫に収まっている。物語舞台は、ちょうど大気汚染防止のマスキー法による高いハードルが自動車メーカーに課される少し前、GM、フォード、クライスラーのビッグ3がピークをまさに迎えていた時代。

……さすが名うてのストーリーテラーだと感心させられたのは、冒頭で、GMの社長の朝の度肝を抜く光景だ。夜中に電気毛布(たぶんGE製)が不具合になり、地下にある作業室まで工具を取りに行き、高いびきを掻いている妻のベッドの横で、ブツクサ言いながら分解し修理を始める。これってクルマをふくむMADE IN USAアメリカ工業製品の信頼性の不確かさを暗示しているともいえる。それにしても……身の回りの機械ものをDIY精神で修理する日本のモノづくり上場企業経営者は何人いる？

この小説、50年前だからといって、すでに風化した事実の羅列に過ぎないのではと思うのは早とちり。瑞々しさを失ってはいない。記憶形状金属を使ってニューモデルを試作する場面が出てきたり、組み立てラインの非人間的な単純作業を強いられる世界を克明に描く。筆者もかつて日産の村山工場でプレスライン臨時工として仕事をしたことがあるので、この抜き差しならぬ精神的苦痛はよく理解できる。GMの開発陣が、競合会社のクルマを手に入れ、部品一つ一つをとことん分解し、研究し尽くす場面も出てくる。銘柄こそ明らかでないが、ある日本車も分解され「4輪のモーターバイクみたいで、こんなクルマを万に一つも知人に乗り回してもらいたくはない！」と酷評。当時アメリカでは歯牙にもかけられなかったジャパニーズカーの立ち位置が分かる。でも数年後には立場が逆転し、ビッグ3を脅かすのだが。

この当時のアメリカの小説は、事実を紛れ込ませている。具体的には、GMが1960年代発売したシボレーコルベアというスポーティカーがある。空冷の水平対向6気筒を搭載したRR方式。これがコーナリングで転覆事故が起きる危険なクルマとして、消費者運動家のラルフ・ネーダー（1934年〜）の『どんなスピードでも自動車は危険』（1965年刊／邦訳未完）という著書のなかで、大々的に標的にされ、発売中止に追い込まれた事件を描いている。

小説『自動車』は、文庫で600ページの長編。系統だった教育を受けてこなかったヘイリーは、いぶし銀的な職人気質物語作家の印象が濃い。松本清張を思わせる好奇心を燃え滾らせ1年かけて綿密で愚直な取材を敢行し、そこに独自の想像力をまぶし、比類なき表現力でマス目を埋めていく。アルファベットだから、タイプライターのキーを打ちまくる、そんな迫力が紙面からビシバシと伝わる。〝調査・取材に1年、構想に半年、書き始め、加筆訂正し入稿まで1年半、合計3年を要する〟と制作のプロセスを吐露している。取材対象にどっぷりつかっての手抜きなしの大作だけに、古典とまではいかないまでも長い風雪に耐える作品となっている。

ちなみに、筆者のアーサー・ヘイリーは、1920年に工場労働者の息子として英国で生まれ、小学校を終えると給仕や事務員として働く。英国空軍のパイロットとして第二次世界大戦を経験、その後カナダに移住し、トロントにある出版社の編集者などを経験、TVの脚本書きをしたのち1956年から作家活動に入っている。総合病院を舞台にした医療小説『最後の診断』、カナダの政界を舞台にした政治小説『高き所にて』、ホテルを舞台に人間模様を描いた『ホテル』、国際空港を舞台にして保険金目当ての犯罪を活写した『大空港』、銀行内部の実態をえぐり出した『マネーチェンジャー』、それに今回取り上げたデトロイトを舞台に自動車業界のあらゆる側面を描いた『自動車』とヒット作を次々に世に送り出した流行作家である。のちに、電力会社を題材にした『エネルギー』、大手製薬会社をテーマにした『ストロングメディソン』、事件と報道を主題にした『ニュースキャスター』などを上梓。妻のシーラ・ヘイリーも『私はベストセラーと結婚した』（1978年刊／加藤タキ・翻訳は1981年）という著作を残している。

読みやすさ　★★★★　　　　知識増強　★★★
物語の楽しさ　★★★★　　新ネタの発見　★★★
残念なポイント「歴史的価値があるが、長すぎるので読破するのは大変」

★デービッド・ハルバースタム著『覇者の驕り』（新潮文庫／高橋伯夫訳）

―原書のタイトル「THE RECKONING」は「報い、罰」という意味もある。
（1990年9月刊）

アメリカのフォードと日本の日産、この2つの自動車メーカーをテーマにした自動車をめぐる男たちの一大叙事詩というべき超ロング・ノンフィクション作品。文庫本で上下2冊、トータル1250ページの大河ドラマだ。正直、読むのに10日間ほどかかった。

筆者デービッド・ハルバースタム（1934〜2007年）は、ニューヨークタイムズの元記者で、ベトナム戦争の報道でピューリッツア賞に輝いたジャーナリスト。アメリカの巨大メディアの歴史に迫った『メディアの権力』（原題：POWERS THAT BE／朝日文庫で全4巻）など硬質な傑作が多い。

単純に作品の長さだけを比べると、わが邦の日本にも足掛け30年にわたり新聞で連載した長編小説がないわけではない。中里介山（1885〜1944年）の『大菩薩峠』は全41巻。でも、これはあくまでも想像力で書き継いだ物語。いっぽうハルバースタムの作品は、5年の歳月をかけあらゆる手を尽くして関係者にインタビューを展開。鍵となる人物が故人の場合は、その周辺人物を探し出し、知られざる行動や言動、その人の好みや癖みたいな事柄を探り出し、造形していく。日本人だけでもざっと70名、欧米人を含めると300名にくだらない人物（有名人、無名人を含めだ）から直接話を聞き出している。だから既知の事柄はなるべく排除され、〝美は細部に宿る〟という言葉通り、物語はチカラ強く立ち上がり、リアルに読む人の胸に迫ってくる。

たとえば、ヘンリー・フォード（1863〜1947年）の晩年の真実は衝撃だ。若いころの〝進取の精神〟があとかたもなく消え去り、嫌悪すべき老害をまき散らしながら、まわりを巻き込んでいく。そのことがやがて息子のエドセルを苦しめ、短い一生を終えさせたことを読者は知ることになり、愕然とする。

半世紀ほど前ホンダが資金調達に苦しんでいた。フォードの子会社になるという提案が持ちあがった。金融・証券企業のゴールドマン・サックスの投資部門のシドニーワインバーグ（1891〜1969年：のちゴールドマン・サックスの父と呼ばれる人物）が、その提案者。本田宗一郎は、ヘンリー・フォードを崇拝していたので、心が動いたようだが、フォードの財務部が東洋の吹けば飛ぶような2輪メーカーに歯牙にもかけなかった。もしこのM&Aが成り立っていたら、シビックもないし、ホンダジェットもアメリカの空を飛んでいない。

米国防長官ロバート・マクナマラ（1916〜2009年）を覚えているだろうか？　ハーバード・ビジネススクールで学んだのち、わずか20代で、統計学を活用して対日戦線の指揮系統に参画。3月10

日の東京大空襲や広島・長崎への原爆投下にかかわった。その人物が、戦後ウイズ・キッド（ＷＨＩＺ ＫＩＤＳ：若手の天才集団）のひとりとしてフォードに乗り込み、事業を立て直し社長に登り詰める。そして国防長官への足掛かりとしていく……。

つまり、フォードは半世紀たたないうちに、モノづくりなどちっとも知らない計算に強い人材が自動車メーカーの主役に躍り出る事態となった。

同じように、日本の日産も、初めはモノづくりにも習熟した鮎川義介（１８８０～１９６７年）は、例のお雇い外国人ウイリアム・ゴーハム（１８８８～１９４９年）の力を借り、日産の基礎を構築。ところが、戦後になると銀行マンの川又克二（１９０５～１９８６年）が実権を握り、そこへ労働貴族の異名をとる塩路一郎（１９２７～２０１３年）が絡んでくる。この油の匂いなどまるでしない二人は、モノづくりの世界からは、遠いところで、日産を牛耳っていく。ネクタイ組は、あくまでも数字の世界でクルマをとらえようとする。

でも、ハルバースタムは、出世から外れた、いわばネクタイが身につかない〝傍流〟の人物もしっかり視野に入れている。日産ではミスターＫこと片山豊（１９０９～２０１５年）。フォードではムスタングのアイディアを生み出したドン・フライ（１９２３～２０１０年）。二人とも、どちらかといえば「自分でクルマの不具合を直したい！」と考える人だし、「機械にはどこか神聖さが宿っている！」と心の隅で信じている人物。

原書のタイトル「THE RECKONING」はもともと「計算、生産」という意味。となると、マクナマラや川又などを代表する計算に長けた人物をイメージしたタイトルだと思いがち。ところが、RECKONINGにはもう一つの意味があった。「報い、罰」という意味もある。計算高い男どもはことごとく、自動車の神様に罰せられる!? 作者のハルバースタムは、どうやら後者の含みで、日本人には分かりづらい、このタイトルを選択したと思われる。

読みやすさ　★★　知識増強　★★★
物語の楽しさ　★★★★　新ネタの発見　★★★
残念なポイント　「歴史的価値はあるかもしれないが、いかんせん長すぎる。」

★神林長平著『魂の駆動体』(ハヤカワ文庫)

―読者はクルマづくりのプロセスをたっぷり味わうことができる。(2000年3月刊)

赤い二人乗りのクルマが、空を飛んでいる。よく見るとハンドルから、シート、タイヤ、エンジン、サスペンションなどありとあらゆる部品がボディから外れバラバラになりかけている。人は誰も乗っていない。でも、そのうえにはなぜか猫が一匹飛び出している……そんなシュールで絵本のような表紙の文庫本。しかも本のタイトルが意味ありげ、逆に意味不明とも言えなくもない『魂の駆動体』である。表紙からして、まさにSF小説だ。

目次を眺めると、過去、未来、現在の3部構成。トータル500ページ近い大作。

読み始めて、いきなり場違いなところに連れていかれた気分となる。「過去編」が展開する世界は、実は近未来なのだ。読者の頭のなかの時系列が大混乱！　でも読み進めると、止まらない不思議さが!?　さすがSF界の大御所だ。

ところで、「過去」とは、たぶん2040年あたり？　その時代、人間はデジタル社会が進み、〝人格をデータ化し、仮想空間で管理。肉体は冷徹に処分する〟そんな時代に突入していた。これってディストピアの世界。

平成に青春を送っていたとおぼしき主人公の2人のジイさん。社会的には、まったく無力。正面から社会変革などできない。せいぜい隣の果樹園からリンゴをちょろまかすぐらいが関の山。でも〝最後のあがき〟とばかりある情熱に熱中する。自動車はそのころすべて自動運転化されている。ゆりかもめの電車とかエレベーターのような《無人運転車両》になっている。ジイさん二人の情熱とは、自分の手でハンドルを握る乗り物「クルマ」を自分たちの手で作るということ。だが、チカラおよばず、実物のクルマこそできなかった。それでも、二人の魂が生み出した設計図が完成する……。

それから何世代のち、というからたぶん100年後……人類はすでに地球上から忽然と消えていた。原因はどうやら、大多数の人間が人格だけを仮想空間に管理することを選択し、肉体を放棄したからだ。でも、その選択をしなかった人間が、亜種を生んだ。翼人（よくじん）だ。背中に翼を備え、空高く飛び立ち自由に移動することができる空飛ぶ新人類。

その翼人のなかに滅び去った人間を研究する青年がいた。2つ目の「未来編」の主人公キリアだ。キリアは、研究のため、あえて翼をなくし、人間の身体に変身した。人間研究のためにつくられた人造人間アンドロギアと暮らすうちに、かつて自転車という移動手段があったことを知り、職人集団の翼人たちが営む工場で自転車を製作してもらう。滅んだ人間たちが残した遺跡から発掘した設計図をヒントに作り出した自転車で人間世界を見直し始める。そしてキリアとアンドロギアは、自転車だけには満足できず、次に「クルマ」の企画に乗り出す。人造人間アンドロギアのデータのなかに、「過去編」で登場したジイさんのデータ（記憶）が残されていたのだ。

自転車づくりではキャスター角のうんちくが縷々述べられ、メカに興味のある読者の心をおおいに揺さぶる。自動車づくりの場面では、その100倍ほどテクニカルタームが登場し、モノづくり、クルマづくりの場面が出てくる。物語のなかで、読者はクルマづくりのプロセスをたっぷり味わうことができる。このへんが、長岡高専卒の筆者神林長平の真骨頂。ちなみに、高専とは中学から、5年間学べる工業系の専門学校で、1962年にスタートしている。ちなみに書評子の中学からも8人ほど受験し、わずか合格者1人！　不肖書評子も不合格者の仲間でした！　せっかく合格した彼はそこを振り地元の進学校にいき京大に進んだようです。

……クルマづくりのなかで、なぜ人間が破滅したかの理由がおぼろげながらわかってくる。人間の身体を獲得したキリアは、ようやく完成したクルマを前に工場長の翼人に、ドライビングシューズを作ってほしいと要求。すると翼人の工場長は「裸足ではだめなのか？　人間というのは生まれたままの身体では何もできないんだから」と呆れられ、「ひとつのモノを作ると、それに倍する付属物がどんどん必要になる。だから人間が大量にものを作らざるを得なくなったわけだ」と。どうやら大量にモノを作ることで、地球温暖化が進み、人類が死滅した！　そんな暗示が読み取れる。

　でも、一方でキリアは、できたばかりのクルマのハンドルを握り、エンジンをかけるとクルマの魅力に取り憑かれる。「アクセルペダルを踏み込むと、エンジンは生き物のように吠える。その息吹きを駆動輪に伝えるべくクラッチをつなぐと、まるでエンジンは〝あなたに従う〟といった感じで、少し回転を落として唸り、乱暴にクラッチをつなぐと〝嫌だ〟とばかり止まってしまう。機嫌をとるようにうまくやると、クルマはずいと前に進む。人間が出せる力とは比べ物にならないほどの巨大なパワーを秘めた物体が動く。これを操っているのは自分だ。この瞬間、人間は身体のイメージが拡大し、大きな快感を得る」

　こうした二律背反の近代社会。ディストピアの世界に陥らざるをえなくなった人間の過去を振り返る……。人間と機械、意識と言語、現実と非現実をえがく神林長平（１９５３～）の世界は、こんなところにあるようだ。門外漢には刺激的な１冊。

読みやすさ　★★★★　知識増強　★★★
物語の楽しさ　★★★★★　新ネタの発見　★★★
残念なポイント　「やや冗長。2／3ぐらいに短縮できそう」

★五木寛之著『雨の日には車をみがいて』（角川文庫）
―「青春の門」の主人公伊吹信介の別人生の物語としても読めなくはない。
（1990年9月刊　初出は1988年の単行本）

じつは、この本、長いあいだ恥ずかしながら〝積ん読（つんどく）〟状態の一冊だった。この本を避けてきた気分を分析すると、おもに2つの理由が。そもそも和製フォークソングのような受け狙いのタイトルが気に入らない。それにもまして〝車を磨く〟という表現が生理的に受け付けられない。車との接し方にはいろいろなタイプがあることはわかるが、車を磨くことを無上の喜びとする気が知れない。しかも、それもわざわざ〝雨の日〟という限定している点が、わざとらしくて気に食わない。

第6話にこんな箇所がある。「ぼくの唯一の生きがいは、夜中に自分の気に入った車を走らせ……」。ここまでは大いに賛同できるが、そのあと「帰ってきて車庫でその車を磨くことだった」となると、グッと引いてしまう。さらに「BMW2000CSは、エンジンルームの中まで銀の食器みたいに輝いていた」となると、何をか云わん。

物語は、9個のショートストーリーで構成される。シムカ1000から始まりアルファロメオ・ジュリエッタ、ボルボ122S、BMW2000CS、シトロエン2CV、ジャガーXJ6、ベンツ300SEL6・3、ポルシェ911S、そしてサーブ90Sの9台と9名の魅力的な女性が登場。主人公、クルマ、そして女性、このいわば3角関係でそれぞれの物語に彩（いろどり）が添えられる。

1970年代、学園闘争が一段落し、世の中が平穏に戻りつつあった。主人公は、作詞家、放送作家、CMソングライターの3つを掛け持ちする青年。となれば、若いころの五木寛之氏の自画像。流行作家になる前の駆け出し時代と重ね合わせられる。

当時の〝日の丸〟乗用車はまだまだ発展途上。欧州車のあとを追いかけていた時代。輸入車は、舶来品と崇められていた時代。そのガイシャを次々に乗り換えている主人公は、当時の若者から見れば羨望の的。

かくゆう書評子こと不肖広田は、当時横浜の外れの公団住宅に住み、ようやっと5万円で手に入れた中古のホンダZ（リアビュー）が水中メガネ）と格闘していた。エンジン不調に陥り、路上でディストリビューター内のコンタクトポイントをばらしてしまい、途方に暮れていた、そんな時代。

すでにそのころ五木寛之氏は、サイン会を開けば長蛇の列を形成する流行作家の地位を確立していて、雲上人《うんじょうびと》の文化人。……となると、車を磨くことへの嫌悪とは別にして、この洒落たタイトルの小説を長い期間敬遠していたのは、嫉妬心のなせる業だったかも。反省。

「これほど楽しみながら書いた小説はない……」と五木さんみずから、あとがきで告白している。「だから読者は作者よりもっと楽しんで読んでもらえる……」。

通読してみると、この手の小説にあるバグを見いだしづらい。当時の都会の空気をとらえた、実によくできた高得点のエンタテイメント小説。クルマ好きの読者にも満足を与えられるし、とくにクルマに興味のない読者でも、十分に楽しむ工夫を凝らしている。自信と不安をのぞかせる主人公の微妙な心理描写の匙加減はお見事。

小説の主人公との距離感でいうと、小説は2つに分けられる。読者がべったり主人公に重ね合わせられるタイプの小説と、主人公との距離感をある一定の距離で保つタイプの小説。この本は、後者に違いない。主人公の心情は、矛盾を抱えながらもどこか冷めていてクール。だからなのか、五木さんの出自からくる根無し草、デラシネの思想がこの物語全体に薄膜のように覆っている。この陰影を溶かし込んだところに、この小説が時代を越えて長く読み継がれている秘密がありそうだ。

五木さんの長編小説「青春の門」の主人公伊吹信介の別人生の物語としても読めなくはない。

読みやすさ　★★★★　知識増強　★★★
物語の楽しさ　★★★★★　新ネタの発見　★★
残念なポイント　「手慣れた作家の令和クルマ物語があってもいいのだが……」

★五木寛之著『メルセデスの伝説』（講談社刊）
─奇想天外な痛快冒険カー小説である。（1985年11月刊）

クルマ自身がもう一つの主役となっている、歴史的事実をもとにしたカーノベルである。

〝グロッサー・メルセデス〟（巨大なメルセデス）の名でよばれるメルセデス・ベンツ770は、アドルフ・ヒトラー（1889〜1945年）の肝いりで1930年から1937年のあいだにつくられた超弩級のプレミアム高級車。

おもなユーザーは、ヒンデンブルグ大統領、ヘルマン・ゲーリング、ハインリヒ・ヒムラー、イタリアのベニート・ムッソリーニ、スエーデンのグスタフ5世、ローマ教皇ピウス11世、それに日本の昭和天皇など当時の世界の冠たる枢軸国のトップ人物。とくに、1938年にフルチェンジされたグロッサーは、7655ccの直列8気筒OHVエンジンであることには変わりないが、半楕円リーフリジッドタイプの前後サスを前後輪ともに独立懸架式に変更。スーパーチャージャー付仕様だと、400PSで最高時速190kmをマークしたといわれる。

厚さ45mmの分厚い防弾ガラス、主要キャビンを囲む部分が厚さ18mmの鋼板に覆われ、タイヤも被弾しても大丈夫な特別タイプ。標準仕様の車両重量2700kgのところなんと5トンを超えるタイプもあった（それでも戦車にくらべると1／8〜1／10に過ぎない！）。この幻の高級車が、意外や7台も現存する。

戦後生まれの放送作家の主人公は、ひょんなことからこのグロッサー・メルセデスをテーマにTVでのドキュメンタリーを製作するスタッフの一員となる。ドイツのメルセデス博物館に取材したりするうちに、主人公の父親の死が、このグロッサーとかかわりがあることが浮上。父親は終戦の直前国家の重大な名誉をになう仕事で殺されたことが分かり、その背後に戦後のどさくさに巨額の資産を蓄えた日本人の黒幕が浮かび上がってくる。そして、主人公の周辺で不明な事故が頻発する。

これ以上書くとネタバレになりそうだが……意外にも幻の〝グロッサー・メルセデス〟、昭和天皇が愛用する予定だった超弩級高級車は、日本の某所にひそかに保管され、ベストコンディションで維持されていた。

父親の無念を晴らすべく主人公は、敵陣に単独で乗り込み、大暴れする。まるでシルベスター・スタローンの「ランボー」の映画のように！真夏のエアコンの効いた部屋で読み始めると2日で読み切ってしまう、奇想天外な痛快冒険カー小説である。これを機にちょっぴりベンツの歴史や終戦直後の知られざる日本の歴史を知りたくなる。

読みやすさ ★★★★　知識増強 ★★★
物語の楽しさ ★★★★★　新ネタの発見 ★★
残念なポイント「グロッサーそのものの詳細、たとえば製作過程などがあるともっと読者の好奇心がみたされていい」

★梶山季之著 産業スパイ小説『黒の試走車』(岩波現代文庫)

―サスペンスあり、えぐいラブシーンありの昭和の香り120%。(2007年7月刊)

私(書評子)が小学生のころ、昭和30年代に〝トップ屋〟と呼ばれる商売があった。

高度成長経済が始まりかけていたころだと思う。週刊誌ブームが沸き起こり、出版社の依頼で週刊誌の記事を書くライターやジャーナリストが登場した。スクープ記事を追い求めるライター達。彼らのことを「世の中のトップの話題を先んじて知る男たち」という意味で、どうやら〝トップ屋〟と揶揄されたようだ。

その代表格の作家が、梶山季之(1930~1975年)だ。今回取り上げる本は、その梶山がトップ屋から流行作家となった第1作と思われる作品「黒の試走車」である。文庫本で410ページばかりで、かなりの長編だ。読むのに4日かかった。

日本に急速に訪れたマイカーブーム(モータリゼーション)で、憧れの存在だった自動車が高額商品には変わりないが、庶民の手と届く存在になりつつある、そんな時代。高度成長経済の陰で熾烈な戦いを演じる「産業スパイ」の世界を小説のカタチで展開した企業小説の走りともいえる。

この本の初デビューは、カッパ・ノベルスである。1962年。光文社のカッパ・ブックスの姉妹版として、カッパ・ノベルスは、当時の出版界に旋風を巻き起こした。松本清張の「ゼロの焦点」「砂の器」、小松左京の「日本沈没」などミリオンセラーが少なくない。森村誠一や赤川次郎、西村京太郎などの小説も並ぶ。

それにしても、いまから半世紀以上前（正確には60年前！）の本をホコリを払い、なぜわざわざ取り上げるのか？　不思議に思う読者も少なくないと思う。かくゆう私もこの本のタイトルは承知していたが、手に取ったことがなかった。この本がブームになったころ、日産の村山工場で少し仕事をしていた。1962年プリンス自動車の村山工場としてスタートし、1966年に日産の改組。2004年カルロス・ゴーンの改革で閉鎖した工場だ。ここのプレス工程で工員として夏休みのアルバイトをした経験があり、その時のガイダンスのおじさんがこの本を引き合いに出して説明してくれたことを覚えている。仕事は見上げるほどのプレス機の4隅に工員を配し、指を挟まないように同時に両手で大きなボタンを押すと上から金型が降りてきて、平板をあっという間にドアやフェンダーなどのカタチにしてしまうというものだ。

当時荻窪のアパートに住んでいたのだが、この工場には電車とバスを乗り継ぐため予想外に時間がかかり、3回ほど遅刻をして、その場で即刻首になった。けっきょく10日ほどしかプレス工としての経験はない。（ちなみに、数年まえホンダの狭山工場でプレス工程を取材したら、ほとんど無人ですべて自動でプレスされていた。まるでトランプのカードが右から左に動くように、シュシュッと成形されていた！）

今回この本のタイトルを見て、そんな苦い経験が思い出された。

この小説の主人公は、プリンス自動車とおぼしき自動車メーカーの企画PR課のサラリーマン。実は、この課の実態は産業スパイそのもので、業界誌に中傷記事を書かせてライバル企業を窮地に陥れようとしたり、ライバル企業の経営者会議を向かいのビルから覗き見て、読唇術を駆使して、ライバル社の新車価格をいち早く知ることで事業を有利に展開しようとする。でも、こうしたスパイ活動に身を染めるうちに、信頼していた同僚が去って行き、頼りにしていた仲間に裏切られる。そして、結婚を約束していた女性を使ってまでライバル企業の機密を盗もうとまでしていくことで、自分を失いかける。企業戦士のむなしさを読み取ることもできる。……いまや行き過ぎた忠誠心はいまの若者の目にはギャグもしくは喜劇としか映らないいか!?

とにかく60年前の情報なので、駄目だしする箇所は少なくない。でも、当時30歳そこそこの梶山が短期間で、これだけの内容の本（とにかくクルマづくり、クルマの販売の世界などが詳細を究める）をよくまとめたことを思えば、頭が下がる。

ところが、この本カッパ・ノベルスでデビューしたのち、43年後の２００５年に京都にある人文関係のどちらかというとおかたい出版社（松籟社）から再版され、その2年後にはもっとお堅い版元岩波書店の岩波現代文庫に収まったのである（写真）。半世紀前の企業小説のどこが、必要とされているのか？

登場人物は、業界紙の社長、銀座のマダム、それに美人ディーラー社長などいずれも濃い人物ばかり。サスペンスあり、えぐいラブシーンありの昭和の香り１２０％の企業エンタテイメント小説。ところが、よく眺めてみると、ところどころに東京の風景や、風俗（たとえば飲酒しての運転シーンが何の躊躇なく登場する！）が描かれている。移ろいやすいもの、たとえば人気の芸人などを登場させるのは、作品が早く古びるとして、こうした物語にはご法度なのだが、あえてそうしなかった。昭和39年の東京オリンピック以前の東京の風景や風俗が、作者が多分意図して入れ込んだのではないのだろうか？　そう思わせるところがある。

企業への行き過ぎた忠誠心と言えば、この本がデビューする数年前、書評子の姉貴がトヨタに勤める男に嫁いだ折、その披露宴での出来事が秀逸（皮肉だが）だった。披露宴で興にのった新郎側の上司や同僚が、奇妙な歌を歌い出したのだ。当時ライバル会社だった日産への露骨な悪態を並べた（第3者の耳には）聞くに堪えない歌詞を並び立てた歌だった。なりふり構わないライバル心剥き出しのサラリーマンの無邪気すぎる従順さに辟易した覚えがある。

こう考えると、この企業小説は、働くとはどういうことなのか？ 企業とはどういう役割なのか？ 企業に所属するとはどういうことなのか、そんな基本を教えてくれる一冊なのかもしれない。

読みやすさ ★★★　知識増強 ★★
物語の楽しさ ★★★★　新ネタの発見 ★★
残念なポイント「資料的価値は認めるが、現代との段差が大きすぎる」

★吉村昭著『虹の翼』（文春文庫）
―戦争という膨大なドラマ、リアルに史実が立ち上がってくる。
（1980年9月刊、文庫本は1983年9月刊）

人が本を手に読み始めるには、いろいろなキッカケが考えられる。友人に勧められた。新聞広告で興味を持った。書評を読んでなぜか引き付けられた。夏休みの読書感想文を書くためやむなく、なんていうのもあるだろう。

この吉村さんの書いた文庫版で430ページに及ぶ長編小説は、かつて（広田が）取材で何度となく訪れた京都にある八幡の解体屋街がキッカケ。いわゆる関西を代表する自動車解体屋街はかなりエグイ印象の〝部品剥ぎ取りセンター〟などがあり、どこか異界めいた雰囲気が漂った地域。一昔前までは中古部品のメッカという位置づけだったため、中古部品をテーマにした特集記事の取材となればカメラを担いで遠路はるばる出かけた。

何度も足を運ぶうちにこの土地には別のオーラがあることに気付く。でも、この地域が神がかっているところと近代文明が混然としている不思議な聖地でもあることが明確さを増すのは、つい最近のことだ。最寄りの駅は京阪本線の石清水八幡宮駅。故事来歴を訪ねると……このお社は、9世紀中ごろの創建で、徒然草や源氏物語にも登場する。大分の宇佐神社、鎌倉の鶴岡八幡宮と並ぶ日本三大八幡宮のひとつでもある。

駅近くの小高い丘のうえには、19世紀末にトーマス・エジソンが発明した白熱球のフィラメントの材料となった見事な竹藪があり、10数年にわたりここの竹が使われたことを記念して異様に立派な石の記念碑がたっている。この記念碑に気をとられ、つい見落とされがちだったのが、道を挟んで数百メートルのところにある「飛行神社」。多少話が紛らわしくなる。航空神社は、羽田の近く、相模原、それに立川などにあるが、飛行神社はたぶんここだけ。

日本の神社ほどバラエティ豊かな宗教施設はない。さきの八幡社をはじめ一宮、稲荷社、神明社、天神社、諏訪神社、熊野神社、春日神社、八坂神社、白山神社、住吉神社、山王神社、金毘羅神社、恵比寿神社などなど、ほかにも、偉人をまつった乃木神社や戦没者をまつった靖国神社や護国神社を入れると全国で8万8000社ほど。コンビニが約5万8000店舗なので、神社数の方が5割も多いのに驚く。しかも、八百万の神の国だけに、金属の神様をまつる神社、雷様をまつる神社、神の使いというウサギをまつる神社など実に対象とする神様は文字通り八百万（やおよろず）。

こう考えると日本人の内なるココロを深いところで解明できそうな、いわば融通無碍の世界観ともいえる。飛行神社は飛行機が発明されたのち数多くの人が事故で落命した。その慰霊のためにつくられた、靖国神社と同じ招魂社のひとつ。

前振りがずいぶん長くなってゴメン。この神社を個人でつくった人物・二宮忠八（1866〜1936年）を描いた小説がこの本だ。昭和2年（1927年）生まれの筆者の吉村さんは、記録文学や歴史小説の大御所であり、かつては凧揚げに興じ、模型飛行機づくりに熱を入れただけに、〝日本の飛行機はじめて物語〟を描くには、不足ない作家。二宮忠八がライト兄弟よりも10数年ほど前に現代の飛行機の原型をデザインして、緻密な設計図とそれに基づく完成度の高い模型飛行機を作成し、何度も飛行実験を繰り返してきた航空機の先達。昭和52年蔵の中から見つかった忠八の日記が出てきた。忠八の次男・顕次郎からこの日記を預かり、吉村昭氏が京都新聞に連載小説として筆を執った。

忠八は少年期には凧製作に天分の才を見せたところから、何とはなしに空を飛ぶことに夢想する。カラスが飛び立つのをじっと観察していると、飛び立つときは両翼をあおるが、やがてそれを止め、両翼を上向きに曲げて滑走する。その時はばたかなくとも上昇できるのは空気の抵抗故ということに気付く。鳥や昆虫類の翼の断面、仰角度、体重比などを緻密に観察し記録することを重ねることで、「飛ぶ」ということを科学的に突き止めていく。エアロダイナミクス理論を単独で編み出したのである。

そしてついに複葉の玉虫型の飛行機の模型をつくる。玉虫型とは少しいぶかしく思うが、玉虫はよく観察すると羽根が左右2枚ずつ、つまり複葉タイプなのである。人間を乗せ空にはばたくには、動力が必要。最適なエンジンさえそろえば、空に飛べる。だが、悲しいかな当時の日本では、ここから先は、一発明家の領域を超えた。航空機の製作へと飛躍することを夢想するしかなかった。

そもそも薬事関係の下っ端の軍人だった忠八は、意を決して上司に設計図を携え、航空機製作を願い出る。時代は日清戦争から第1次世界大戦のころ。気球がようやく欧州で登場し始めてきた。

明治維新からわずか4半世紀。知識人の末席に座る上級軍人さえ、まさか人間が空を飛べるなんてことは夢のまた夢。3回も上申したが聞き届けられることはなかった。忠八は、気でも狂った変人としてしか見られなかった。それから数年後ライト兄弟の初飛行成功が報道され、飛行機はまたたく間に欧州で進化していき、第1次世界大戦ですでに戦略装置として登場するのである。

「日本人はものまね上手で、オリジナリティがない」という言い古された言葉。ＧＡＦＡのような企業が育たない日本。スティーブ・ジョブスのような人間が育たない日本社会。なんだか、このことは遠い昔の画一教育から始まっていたこと。

それと、世の中にないものを始めてつくろうとする人は、ほとんど歴史の闇に消えていく運命。忠八もその一人と言えなくもないが、さいわい事業の才能があり、人並み以上に努力を惜しまなかった人物。社会的地位を獲得することができた。

大きな挫折を味わったが、相撲でいえば徳俵に足がかかった、いわば逆転人生ともいえる。かつて人生の大半の情熱を費やした空を飛ぶ夢をその犠牲になった御霊を慰霊する飛行神社をつくることができ、85年たったいまでも、こうして小説という活字のなかで読み継がれていることを思えば、悪い人生ではなかった、と思える。

吉村昭の歴史小説のなかには、種痘を手がけた笠原良策を描いた「雪の花」、樺太探検の間宮林蔵の小説、4度の脱獄をくりかえした白鳥由栄を描いた「破獄」、自由律の俳人・尾崎放哉を描いた「海も暮れきる」など強い印象を残す作品が少なくない。歴史のかなたに消えかけている人物に、やさしい目をそそいだ筆致で描く物語がほとんど。

緻密な取材と丹念な時代背景を見まわした細密な構成で、読む人をうならせる。常に新しい発見を読者に与える書き手でもある。この長編も、令和に生きる現代人には時系列だけで素通りしている日清戦争の実像を丹念に追いかけている。戦争という膨大なドラマのなかにひとりの主人公を置くことで、リアルに史実が立ち上がってくる。

何度も読み返したくなる、そんな作品だ。

読みやすさ　★★★★　知識増強　★★★
物語の楽しさ　★★★★★　新ネタの発見　★★
残念なポイント「新聞小説のせいか、やや長すぎる。半分に縮められるはず」

★藤代冥砂著『ドライブ』（宝島社）
─官能小説のわりには、思いのほかおしゃれで、清潔感がある。（2009年12月刊）

大きな声で自慢できることではないが、これまで数々の官能小説を読んできた。たかだか文字情報だけで、人をその気にさせ興奮させるところに関心があった。官能小説家には秘密めいた自家薬籠的な何かがあるに違いない。

これを敷衍して……自動車の記事ひとつにも、何かしら命を吹き込む素子（秘密）がそこに見出せるのではないかという思いがあった。雑誌の編集者時代からマニュアルに近い実用文をおもに書いてきた書評子だから、油断をするとつい砂をかむような、薬の効能文のような文章に陥りがち。スラスラと読んでいる人の頭に入るリアルな表現に、恋い焦がれる気持ちが逆に高かった。

文章に文章で四の五の言うのは、歯がゆい。早い話、カッコよく聞こえるが……どこかしら読んでいる人に〝エンジン音が聞こえるような文章〟をかければ最高なんだけど、そんなところだ。

藤代冥砂氏の「ドライブ」（宝島社）は、ここで取り上げるのだからもちろん自動車が登場する小説には間違いがない。短い文章で繰り出す表現で、グイグイ読者をその世界に誘い込む。

目次を一目見ると面白いことに、「紀尾井町通り」とか「東名高速」「山手通り」「銀座通り」といった街道もしくは、関東の人にはなじみの道路や通りをタイトルにしている。この道路、もしくは通りで繰り広げられる男と女の、それも必ずクルマが登場する短編集なのである。むろん登場人物も、シチュエーションもそれぞれ変化する。

たとえば、渋谷と厚木をむすぶ「国道２４６号」では、まだ付き合い始め半年ほどしかたっていない若い女性の語り口で物語ははじまる。ボーイフレンドの提案で厚木の家具屋に同行する。女は男が家具を一緒に見に行こうと誘うことに、いきなり露骨に「同棲しよう！」といわれる以上の興奮を覚える。

彼女所有のミラは、休日の空いていた２４６を快適に走り、家具屋に到着。そこでハンドルを握る男は助手席に女に熱いキスを求め、やがて客のまばらの店内でも、オトコの抱擁は徐々に深みを増す……。

文庫２５０ページ足らずに合計50の街道もしくは通り（ダブりもあるが）が登場するのである。1篇が5ページほどなので、すぐ読めちゃう。そして余韻が残る不思議さもある。この余韻が、逆に速読を妨げる結果につながっている。けっきょく、一度に3篇読むのがやっとだった。これでは1冊読むのに相当時間がかかりそうだし、別の本から読み始めるには、ココロのギアチェンジという作業が必要だ。

あとがきを見ると、雑誌の連載から始まったこの短編集は、当初「毎回違うクルマを試乗し、異なる道路を舞台にした小説」というコンセプトだったという。ところが、2回3回と続けるうち官能シーンを忍び込ませると思いのほか読者から大きな反響があったという。そこで、編集者のアドバイスで必ず官能シーンを入れるように頼まれ、この小説本が完成したというのだ。

だからかどうか断言できないが、官能小説のわりには、思いのほかおしゃれで、清潔感がある。不思議な文体、不思議な小説世界だな……案の定、この筆者、もちろんペンネームなのだが、もともとは写真家でもある。これは私の持論だが、カメラマンは、自分の構図や自分の色調を知らず知らずのうちに育てているので、意外と文章家が少なくない。「印度放浪」や「東京漂流」の藤原新也氏、最近では女流カメラマンでノンフィクション作家の星野博美氏をなどが思い浮かぶ。

そんな思いを巡らせると、この小説集の斬新さは、ひとえにカメラマンという普通の人から見るとまるで異なる目を備える異邦人だからなのかもしれない。

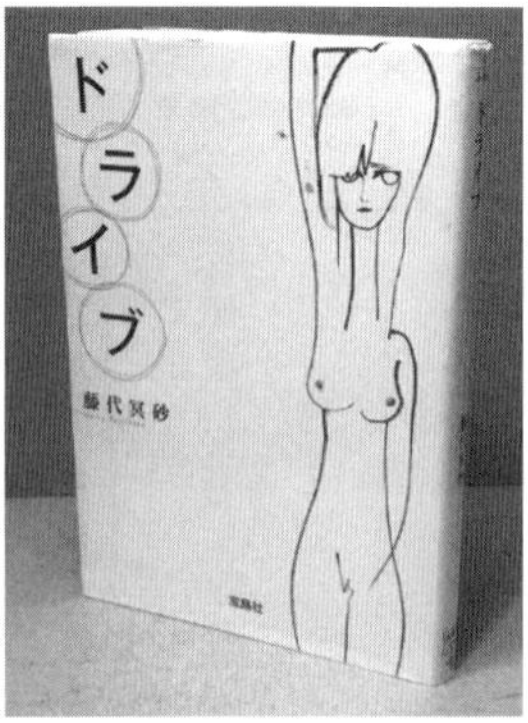

読みやすさ ★★★★　知識増強 ★★
物語の楽しさ ★★★★★　新ネタの発見 ★★
残念なポイント「大部分のところで、登場するクルマが充分に描かれていない」

★佐々木譲著『鉄騎兵、跳んだ』（文春文庫）

―逡巡する青春の終わりの日々を瑞々しく描いている力量に感服だ。

（2010年5月刊　単行本は1980年8月刊）

「スターティングマシンが倒れた。20台のモトクロッサーが、一斉にコースに飛び出す。冬の乾いた大気が爆発し、爆風が快晴の空へ突き上げた。広い河川敷は激しく震えて悲鳴を上げた。……」作家・佐々木譲氏の初期の短編「鉄騎兵、跳んだ」の書き出しである。言葉が、読む人の身体に粒となって突き刺さってくる、そんな勢いのある文章だ。ハードボイルド調のごく短い文章で、世界を構築している。

他人に本をお勧めするのは、なんだかしたり顔の自分が見えるようで、嫌なのだが、そんな思いを別にしても、一読をお勧めする一冊だ。

当時バイクに熱をあげていたこともある。小説の舞台埼玉・桶川のモトクロス場はよく走ったなじみの場所だ。そのこともあり、かなり影響を受けた小説のひとつだ。

モータースポーツを題材にした小説は、メジャーなF1あたりなら多くはないがなくもなかった。多人数の読者を獲得するところまではいってはいないが。

でも、バイクをテーマにした小説は、ほとんど皆無。トライアル競技に熱を入れていた時、知り合いのSF作家で4輪のレースモノを数多く書いている某氏に、「ぜひトライアルをテーマにした小説を書いてくださいよ」と雑談のなかで提案したことがある。トライアルほど、選手一人ひとりの心の動きが競技に左右するものはないから、心理的側面を描く小説にはもってこいだと一人合点していた。それに当時、オリンピック競技のひとつとして2輪トライアルが候補に挙がりかけていたこともある。そこで、興味を持ってもらうために、トライアルごっこのイベントに誘おうとして画策もした。

でもバイクにはあまり興味がないせいか、その作家からはトライアルはおろか2輪の小説が生み出されることはなかった。それならばとばかり、不肖、数年前自前で自伝的バイク小説を書き始めた。書き出してから、その困難さに気付くにさほど時間がかからなかった。物語を構築する能力の前にあえなくダウン。自分の小説家的アビリティのベクトルの弱さを痛感しただけだった。

これは個人の勝手な思いだが、有名作家も含め、おそらくは幾人もの作家がこれまでバイクやクルマを素材に小説世界の中に溶かし込もうと挑戦してきた、と思われる。佐々木氏のこの作品は、このハードルを軽々と超えている。手練れた文筆家がまるで知の世界観を俯瞰している。ただ単にバイクをテーマにした小説という枠を超え、青年期の普遍的な不安や苦悩を描き出しているところに、長く読み継がれる理由がある。

逡巡する青春の終わりの日々を瑞々しく描いている力量に感服だ。バイクの知識なしの読者でも楽しめるところがミソだ。競技用のバイクが非日常的で特別なものだが、それが特別ではなくなる！　そんな小説。

佐々木穣氏は、よく知られるように夕張生まれで、すでに大ベテランである。若いころいろいろな仕事に就き、なかでも本田技研では広告関係の仕事をされたのち、29歳のとき作家に転身されている。「エトロフ

発緊急電」といった歴史小説や「笑う警官」といったサスペンス物まで幅広い。作品の多くは映画化、TVドラマ化されている。その原点に、この「鉄騎兵、飛んだ」がある。そう思うと、感慨深く、今夜もう一度読んでみることにする。

読みやすさ ★★★★　知識増強 ★★
物語の楽しさ ★★★★★　新ネタの発見 ★★
残念なポイント「これに続く著者のモータースポーツ第2弾が、ない点」

★サンテグジュペリ著『戦う操縦士』（光文社古典新訳文庫／鈴木雅生訳）
―超ロングベストセラー『星の王子さま』の作者（2018年3月刊）

発表以来200以上の言語に翻訳され、累計1億5000万冊を超える超ロングベストセラー「星の王子さま」。

その作者は、言わずと知れたフランス人のサン＝テグジュペリである。20世紀初頭の1900年に生まれ、第2次世界大戦が終わる少し前の1944年7月31日に偵察飛行のためコルシカ島を飛び立ち消息を絶った。

サン＝テグジュペリは、伯爵家に生まれた正真正銘のフランス貴族だが、飛行士にあこがれ工学校で学ぶ。そして24歳のとき2年間ほどソーレ社というトラックを製造する企業の販売員兼整備士でもあった。次の就職先のラテコエール郵便航空会社では正真正銘の整備士として働いている。いっぽうモノを書く才能は天性のものがあった。

１９２０年代だから、フォード社のモデルTのころだ。いまのクルマにくらべると、信頼耐久性は超低レベル。走るものの、すぐ壊れ、自分で修理する、そんな時代である。そのサン＝テグジュペリが、42歳のときに書き上げた「戦う操縦士」のなかで、自動車および機械文明を鋭く評する言葉が登場する。上空から、全財産をクルマに積み逃げ惑うフランス市民たちを目の当たりにして……。

「機械というものは、時間に余裕のある、平和で安定した社会を想定して作られている。それを修理したり、調整したり、油をさしたりする者がいなくなると、すさまじい速さで老朽化していく。これらの自動車も、今晩にはもう、１０００年も歳を取ったような姿になるだろう。……」（鈴木雅生訳）

この本は、英語版では「アラスへの飛行」（FRIGHT TO ARRAS）となっていて、発売するやアメリカでベストセラーとなり、戦地に赴く米兵の必読書となった。すでにナチス・ドイツの占領下にあった北フランスのアラス上空を偵察飛行するサン＝テグジュペリが、敵の戦闘機との手に汗握る遭遇劇やきびしい対空砲火を浴びながら、戦死あるいは負傷した戦友たちとの回顧、生きるということ、人間の営みの意味などを哲学的に思想する。

「ノブレス・オブリージュ」（フランス語で、直訳すると〝高貴さは義務を強制する〟）という言葉がある。要するに、身分の高い者は、いざとなれば喜んで死地におもむく存在なのだ、という日本の武士道にも通じる倫理観。33歳までとされた偵察機の搭乗を44歳で無理やり敢行したサン＝テグジュペリの場合、ノブレス・オブリージュとだけでは説明できない、なにか特別感があったと思われる。

ちなみに、サン＝テグジュペリの作品は、戦争文学のカテゴリーに入るものの普遍的価値を見出す文学作品との評価が与えられている。世に戦争文学は戦争におもむいた人に比べその数はごく少数。命のやり取りを行う行為の中で、文学的精神を発揮するのはごくまれだからだ。

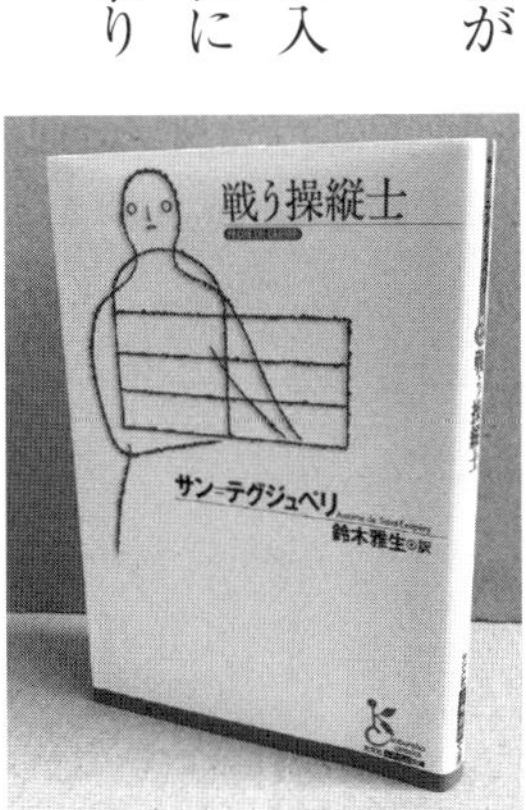

読みやすさ　★★　知識増強　★★
物語の楽しさ　★★★★★　新ネタの発見　★★
残念なポイント　「ベストセラー本も、ときを経ると色褪せが隠せないお手本」

★絲山秋子著『スモールトーク』（角川文庫）

――主人公ゆうこの自動車評は異次元だ。徳大寺有恒もぶっ飛ぶ。（2008年2月刊）

ＴＶＲタスカン、ジャガーＸＪ８、クライスラークロスファイア、サーブ９－３カブリオレ、アストンマーチン・バンキッシュ、アルファロメオＧＴなど超マニアックで超高価な高級車がこれ見よがしに登場。それらのクルマが章立てを構成するバブル期を思わせるような短編小説である。

面白いことに……そこに登場する人物は、そうした高級車にある意味ふさわしくない（逆にふさわしい？）課題を抱えている。ウルトラ高級車に乗る人は、足元の危うさを暗示しているようだ。不安が大きいからこそ、高額なクルマに乗るのかもしれない……。

登場するクルマの高額さのわりに物語はシンプル。

主人公のゆうこは、売れない油絵画家だが、なぜかクルマのことにやけに詳しく、運転にも自信がある。アルファロメオ１４５のオーナーでもある。その彼女（ゆうこ）とかつて同棲していたが、いまは別の女性とも分かれているバツイチの本多鋭二。売れっ子の作曲家兼音楽プロジューサーだが、どこか地に足が着いていない感じ。儲けたお金は、まるでスーパーで大根を買う手軽さで高級車に次々に乗り換えることに費やす人物。

じつは鋭二は、ゆうこに会う口実をつくるため高級車を次々乗り換えている。そんな鋭二になかば呆れながらも、クルマへの好奇心が強いゆうこもまんざらでない。クルマのなかの二人の雑談は、まるでペット（高級車）を介在しないと交流が持てない冷めたカップル。

とにかく主人公ゆうこの自動車評は異次元だ。徳大寺有恒もぶっ飛ぶ鋭いクルマ評が展開。

そもそも自動車雑誌のクルマ評は、誤解を承知で言っちゃうと、いくつもの引き出しで成り立っている。エンジンはエンジン、シャシーはシャシー、デザインがデザイン……という具合に分野別に引き出しがあり、その引き出しにはいくつもの紋切型の文型が収まる。そのなかから適当に選び出し、可笑しくない日本語程度に整えれば記事がつくれるのだ。だから門外漢には仲間内にしかわからない符丁めいた単語を羅列したり、手垢の着いたボキャブラリーが並ぶことになる。

主人公は、筆者絲山秋子氏のなかば自画像かも。にわか取材だけで、ここまで書けないからだ。10年以上複数のクルマ雑誌を愛読している気配を感じる。

とにかく、この短編集は、従来のクルマ評とは異次元。ノー天気に寝っ転がって読もうとしたら、とても両手で持ちこたえられないほど豊穣なのである。斜め読みなどとてもできないいい意味でのタフな文体かつどんな球が飛び出してくるか油断できない。だからといって読みにくくはなく、その世界にあっという間に入るスリリングな味わいもあるし、ユーモアの感触も味わえる。

セクハラめいた表現に聞こえるかもしれないが、主人公ゆうこは、ひと昔前なら婚期を逸している年齢だが、いまの時代だからそれなりにタフな経験をしている。なにしろＡＴ免許というだけで男を振ったエピソードを披露するのである。

ゆうこは鋭二が購入ごとに見せにくる高級車に口では気持ちが乗らないといいながら、持ち前のクルマへの好奇心がむくむくと湧きあがり、外観を鋭く観察し、ふと気づくと助手席に座っている。そしてやがて、ドライバーシートに座りロードインプレッションを展開。

たとえば……ジャガーXJ8のディーラーOPで取り付けたカーナビについて「(周りがウオールナットのダッシュボードなのに)カーナビの安っぽい色合いが台無しにしている。社長室にガキがオモチャを忘れていったみたいな景色だ」とあざやかにその佇まいを表現。「エンジンの音を聞いてシフトアップしていくことを覚えれば、新しい友人と打ち解けていくようで乗るのが楽しくなる」と巧みな比喩で、読者をうならせる。TVRのところでは「……ボンネットを開けて見せてといったら、ボルト止めだからダメと断られた。貞操帯じゃあるまいし、なんというばかばかしいクルマだ」と、とんでもないところに中世の貞操帯が登場し、思わず読者をのけぞらせる。

読んでいてドキドキするほど、すごい捉え方、表現法、それに巧みな比喩を駆使。目から鱗が落ちるとはこのこと?

逆に言えば、自動車ジャーナリストという人種が、おいらを含め、いかに片寄った価値観、言葉の世界にとどまっているかを思い知らされる。ふつうの文学書でもそのことに気付くはずなのに、同じ土俵の自動車をテーマにしたものでないと腐った頭に矢が刺さらない。こころの扉を広く開けて、目を見開き、まわりをよく観察し、ときには異業種の人たちの言葉に耳を傾け、すり減った言葉や古漬けに使った手垢のついたボキャブラリーをかなぐり捨て、いちから出直す勇気を持つことを迫られる。でも、この短編集の初出が、クルマ雑誌だったことが、せめてもの安心材料だ。

タイトルの「スモールトーク」とは、雑談の意味。すでに話したように、ゆうこと元カレの鋭二の車内の会話はいわば雑談。この小説は、いわばこの雑談で物語が展開するのだが、数千万円もする車内での会話は、意外と平凡で世知辛いものなのである。

最後の落ちが、スエーデンのアカペラジャズ・グループの「ザ・リアル・グループ」のスモールトークで結んでいてお洒落だ。オシャレといえば、この小説には、１９８０年台ベストセラーになった田中康夫の小説「なんとなくクリスタル」を思い出す。本文のなかに、いくつものブランド名やレストランなどが散りばめた当時の風俗や流行を表現して、話題を呼んだ。過剰な注釈付き小説だったが、これも、たとえばミュージシャンのケイト・ブッシュとか、女性の履物ミュール、スコットランドの高級オーディオメーカーＬＩＮＮなどがいきなり登場するので、おじさんはその都度ググってしまうばかり。巻末の下野康史氏のクルマの解説も親切。

読みやすさ　★★★　　知識増強　★★★
物語の楽しさ　★★★★★　　新ネタの発見　★★★
残念なポイント「特になし」

★絲山秋子著『逃亡くそたわけ』（講談社文庫）

―映画のような半世紀以上前の本当の話を掘り起こす作品。（2007年8月刊）

高校時代からウツ気味の花ちゃん21歳は、軽い気持ちで自殺未遂をしてしまい、福岡の精神病院に入院させられてしまっていた。「このままでは二度と戻ってこない夏が終わってしまう」……監獄のような自由のないこんな病院から一刻も早く抜け出したい。

ひとりで逃亡しようとったところ、中庭で悲しそうな顔で猫とじゃれていた「なごやん」こと蓬田司24歳が目に留まり、「一緒に逃げよう」と誘う。すると、「なごやん」は不承不承ついてきた。「なごやん」は、名古屋生まれ名古屋育ちの24歳。東京の大学を卒業し、NTTの子会社に入り、転勤で福岡に来て発病したやさしい青年。

少し気の強い女性とやさしい青年。奇妙な二人の逃亡激が始まる。

逃亡の足は、「なごやん」の昭和62年式のおんぼろルーチェ。当時「広島のメルセデス」なんて呼ばれていた4ドアセダン。目的地が定まらないまま、とりあえず高速に乗ると追尾される恐れがあるのでは？　という考えが浮かび、下道を南にひたすら走ることになる。途中、車中泊したり、温泉宿に泊まったり、ときには観光したり……二人の凸凹旅がらすは、読者をハラハラさせながら続く。かるい精神病を抱えている二人の会話は、時にはけんかもするが、なごやかだ。互いに相手を思いやる気持ちもあり、ユーモアな空気が車内に流れる。

花ちゃんの耳には時々、奇妙な幻聴が流れ込み苦しめる。「亜麻布20エレは上衣1着に値する」。カール・マルクスの共産主義の未来モデルを描いた〝資本論〟という本のはじめに出てくるフレーズだそうだ、よくは知りませんが……。

この奇妙なフレーズ、とくに精神に異常をきたしていない普通の人も、ときにはなんだか気になるTVコマーシャルのフレーズが耳につき、寝しなに何度もそのフレーズが耳につき眠れなくなる、なんてことがある。そのたぐいのひどい症状なんだろうね、よう知らんけど。

で、懐が豊かでない二人は、小さな犯罪を重ねながら南へと進む。花ちゃんは免許を持っていないんだけど、ときどき運転を替わる。無免許運転だ。食堂に入って無銭飲食をしたり、畑のキュウリを無断でもいで食べたり、駐車場で隣のポルシェを当て逃げしたり……。ときには、「なごやん」が激流に流され、あわやというとき、下流に飛んで走り救出する花ちゃんの姿でほッとしたり。

読者には、ふたりを追いかける影などまったく見えないのだが、当事者としては逃亡劇となれば、ふつうのツアーではない疲労度が何倍も襲い掛かっていたようだ。さすがの若い二人も富士山のレプリカみたいな開聞岳を前にすると、帰趨本能が目覚めてきた。花ちゃんの「亜麻布20エレ……」の幻聴も途中から聞こえなくなった。それに、「なごやん」がこういうのだ。「俺さ、本当は今日あたり退院する予定だったんだ」。

花ちゃんは心のなかで思った。病院を飛び出す前に行ってくれたら、「なごやん」はこんなに長く黙っていたのは私のためだったんだ。そう思うとはじめて、申し訳なかった気持ちが湧いてきた。「なごやん」は、開聞岳に向かって「くそたわけ！」と叫ぶのだった。その言葉で二人の旅は終わった気がした。

名古屋の銘菓（？）「なごやん」にまつわる笑い話がある。というのは、名古屋にある敷島パン（東京などではパスコの名前で知られるパン屋）がずいぶん昔からつくっているお饅頭で、東海地方では引き出物やお土産に使われるようだ。

男まさりの姉貴が、名古屋の中堅どころの2代目社長とお見合いをした。そのときのお土産がまさに「なごやん」そのもので、2つ下の弟二人で、ひそかに義理の兄になるかもしれない男を〝なごやん〟というニックネームで呼び合っていた。目でたく結納を交わし、1週間後に晴れて結婚式、というとき、姉貴はカンタンに袖にし、親父からは「二度とうちの敷居を跨ぐでない！」とばかり勘当された。

姉貴に問いただしたところ、ドタキャンした理由がにわかには信じられなかった。「なごやん」からの手紙の封筒（当時はメールなどなかった）が所属する会社の封筒を使ったからだというから恐れ入る。企業名が印刷された封書を使う安直さに、姉貴のココロがマイナスに大きく振れたのだ。未来の展望に暗雲が覆ったという。

女心が読めなかった「なごやん」は、脇が甘かった。ハトが豆鉄砲を食らった感じだったに違いない。ひどく傷ついたと想像される。そして弟のおいらは、この出来事は微妙な女ごころというものが謎として心の滓《おり》として残った。ちなみに、1年後姉貴はケロリとした顔で恋仲になった別の男を連れてきた。親父も何事もなかったように、初孫の顔を見たら、それまでより100倍ぐらい熱々の父娘関係になった。そんな映画のような半世紀以上前の本当の話を掘り起こす作品だ。

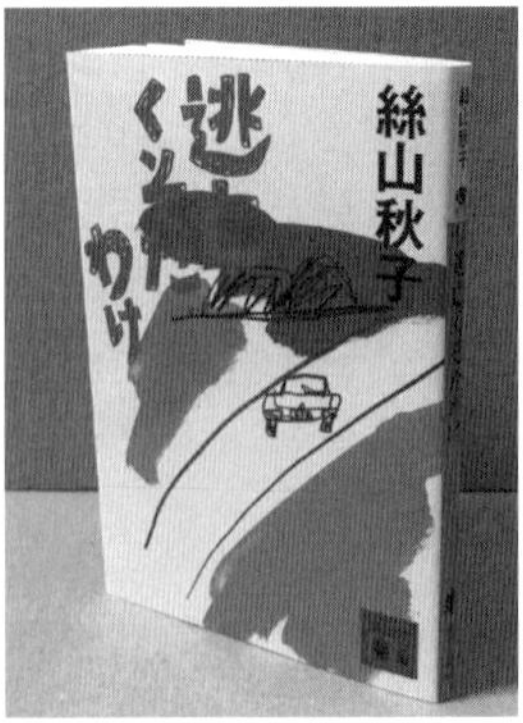

読みやすさ　★★★　知識増強　★
物語の楽しさ　★★★★★　新ネタの発見　★★
残念なポイント「クルマでの逃亡劇だが、途中エアコンが壊れ九州の真夏の暑さが襲いかかるが、そのリアルさがいまひとつ描かれていない

★佐々木譲著『疾駆する夢』（小学館文庫　上下2巻）

―週刊ポストで3年連載され、文庫本2冊計1400ページに及ぶ大作。
（2006年7月刊／単行本は2002年11月）

週刊ポストで足掛け3年にわたり連載され、文庫本2冊計1400ページに及ぶ大作だ。

戦後、焦土となった日本にあって自動車づくりを夢に追い求めた男の一代記、と書くと、なんだか本田宗一郎に似た人物の焼き直しバージョンに聞こえる。物語のなかに本田宗一郎氏が出てくることからも分かるが、まったく別人物を登場させた日本自動車ヒストリーの一大叙事詩である。

主人公の多門大作は、戦前フォードの組み立て工員の立場ではじめてクルマと出会い、戦時中は自動車隊の兵士として自動車の整備に携わってきた男。自動車の構造、材料、部品について初歩的知識はあ

るものの、系統だった学問など身に付けてはいない。

その多門が、戦後の焼け野原から、自動車メーカーを立ち上げる。むろん、いきなり自動車ではなく、最初は解体屋さんから手に入れた自転車の部品を手に入れ、中古自転車に仕立て直すところからだ。次に3輪トラックづくりに移り、やがて自動車への階段を駆け上がる……。

舞台は、1940年代から、バブル期の1990年にかけての約半世紀。その50年のあいだの時代の節々に様々な課題と向き合い、克服し、妥協し、ときには一敗地にまみれながら、巨大な自動車メーカーとして〝タモン自動車〟は成長していく。オート3輪の時代、国民車構想の時代、日本初のモーターショーとその後のモータリゼーション時代、ルマンへのモータースポーツ挑戦時代、マスキー法による排ガス規制の時代、そしてバブルの繁栄と混乱の時代。

バブル期の繁栄と混乱の時代は、モノづくりの世界にクルマとは縁もゆかりもない金融の関係者が暗躍する時代でもある。対米進出をめぐる段階で、多門社長は銀行筋の役員の罠にかかり、追放される。このあたりは近江絹糸の労働争議の混乱を描いた三島由紀夫の「絹と明察」を思い出すスリリングな仕立て。

筆者の佐々木氏は、もとホンダに在籍していただけに、自動車の基礎的知識を備えてメカの知識も完ぺき。なおかつ取材への努力を惜しまないタイプらしく、まるでノンフィクション作品のような緻密な情報で物語を構築している。とくにルマンやデトロイトなど、現地での取材が生み出すリアリティが見事。

多門のスタートは横浜本牧だった。米軍の接収地となった本牧は在日米軍の家族が生活するエリアとなった。必然的にそこはアメリカンライフが移植され、ジャズが奏でられ、アメリカ人は自動車を移動の手段として使った。つまり、その地域だけは、一足先にモータリゼーション化されたのだ。日本人にはクルマのある暮らしなど夢のまた夢だった時代に、多くのクルマが走り回り、サービス（修理）する仕事が誕生した。不要となったクルマも生み出されるし、修理でいらなくなった部品も発生する。

当時の本牧は日本の若者にはジャズの聖地でもあったが、じつは自動車という20世紀の一大発明品のいわば聖地でもあったのだ。

主人公の多門が本牧でのちっぽけな整備工場を立ち上げるくだりで、ふとKさんを思い出した。当時本牧で米軍関係のクルマの修理をしていたKさん、生きていれば90歳近いが、そのKさんと電話で話したことがある。彼は、メグロのオートバイのNV（振動騒音）を探求・修理したり、ATのバルブボディのアリの巣のような複雑な油路を見ただけで不具合個所を言い当てるなど、仲間の整備士たちからも天才メカニックの称号を与えられていた。私にはスナップオンの製造年が分かる一覧表をFAXで送ってくれた。

Kさんが亡くなったあと、仲間の一人でジャガーのリストアをしていた人物からの聞き取りでKさんの人物像が浮かび上がった。整備士になる前に2輪の浅間火山レースばかりか、鈴鹿サーキットの4輪レースにもジャガーEで出場している。高度な学校教育を受けたわけではないが、チルトンなどの修理書をよく読んでいて、とても研究熱心だったという。日本のモータリゼーションの裏側には、こうした神憑り的能力を備えたエンジニアがいたのだ。

この本にも、Kさんと似た人物が登場するのだが、同時代本牧でスタートしたタモン自動車は、多門たちの奇跡的な努力と幸運にも助けられ、やがて世界有数の自動車メーカーに育っていく。その核になっていたのは、多門のクルマづくりへの熱い情熱だ。功成り名遂げた多門はふと、みずからのクルマへの熱い思いの源泉を振り返る。

終戦直後、本牧のベースのアメリカ人家族が催すクリスマスパーティに招かれ、そこで、英語を話す美形の日本女性に惹かれ、デートを申し込む。ところが、その日本女性は多門の誘いを無視して戦勝国アメリカの軍人が運転するマーキュリーのコンバーチブルの助手席を選択する。非実用的なオープンカーなど夢の世界でも手に入ることがないクルマを持つアメリカ人の魅力に、日本の若者はなすすべもなく敗れさったのだ。自動車という存在はいかに大きかったか!

そのとき多門は心のなかで強く決意する。「戦勝国ではない日本人の男すべてに自動車を持つ男にさせること」で、この悔しさを晴らしたい。いまでこそ陳腐に聞こえるインセンティブだが、当時はそれほど自動車は大きな存在だった。

退屈な日本自動車歴史を書き連ねた書籍は星の数ほどあるが、エンジン音が聞こえてきそうな調べのなかで、これほど長い物語を途中あきらめないで興味深く楽しめる本は、類を見ない。余談だが1980年代にヒットした富島健夫の官能小説『女人追憶』の強い照り返しの影響なのか、男女の濡れ場シーンが数カ所あり、不要だという意見もあるかもしれない。でも男性週刊誌という性質上大目に見てもいいのかも。

読みやすさ　★★★★★　知識増強　★★★★
物語の楽しさ★★★★★　新ネタの発見★★★
残念なポイント「1960年代、日本グランプリなど勃興期のモータースポーツが出てこないのが残念」

★荻原浩著『あの日にドライブ』（光文社文庫）

―可笑しみ、悲しみ、そしてやさしさがにじみ出た人間の物語。
（2009年4月刊／単行本は2005年10月）

中年に差しかかった一流都市銀行マンだった男が、出世レースから転がり落ちて、ひとりのタクシー運転手となり、人生の悲哀をかみしめ、葛藤に思い悩む長編小説だ。

主人公牧村伸郎は、行員2万人を超えるメガバンクに努め、比較的順調に人生を歩んでいたのだが、ほんのわずかな躓きで退職を余儀なくされる。銀行を辞めた当初は、昔の得意先からの再就職先もあったが、つまらない意地とプライドで断ってしまう。そして外資系銀行や保険会社の幹部社員募集に応募するもあえなく惨敗。公認会計士の資格を狙い、いっきに挽回をはかるが、それも不合格。

そんなとき、新聞の折り込み広告の「タクシードライバー募集」が目に飛び込み、思い切ってタクシー運転手になることにした。クルマの運転はもともと好きだし、多少の自信もあり、失業中の当座のしのぎになる。空き時間もあり、公認会計士の資格のための勉強もできると踏んだのだ。

ところが、いざタクシー乗務員になると、タクシー運転には高速で追い越しを繰り返すのとは別の技量が必要であることがわかる。客を探しながら、駅周辺や幹線道路を流す運転は、通常のドライバーが気楽に運転するのとは異なる。疲れが蓄積し、なんとも気が抜けない神経をすり減らす運転なのだ。

伸郎には、妻と二人の子供がいた。銀行マン時代家庭を顧みない生活が続いていたため、家庭そのものは、憩いのひと時を過ごす場所ではなく、ギスギスした空気が漂っていた。

雇われタクシー運転手は、いち日に一定以上の稼ぎ（売上）がないと馘首される。けっして気楽な仕事ではないことが分かってくる。慣れない伸郎には、これがストレスになり、ふと銀行マンをなぜ辞めてしまったのかを悔いる気持ちが湧くこともある。でも、伸郎には人並みの順応性を備えており、徐々に仕事のコツが呑み込めてくる。タクシー稼業の最大のコツは、いかに高額、つまり長距離のお客を拾うかである。運転手は、それぞれ、自家薬籠中の技とノウハウをもっているようだが、ライバルの同僚は明かすはずもない。

タクシー会社には様々なキャリアの同僚がいた。そのなかに、最高齢のドライバーがいた。この爺さんは、常に売り上げ上位にランクしていたが、そのノウハウは謎だった。

ある朝、伸郎は、この爺さんのあとをつけることで、その秘密を探ろうとする。当初は、うまくゆかなかったが、徐々にその秘訣が分かっていく。それは意外と単純なものだった。速く走ればいい客が見つけられるというのではなく、法定速度で流す方が客の見落としは少なく、乗客が見つかる可能性が高い。大病院ではなく、小ぶりの病院や、小ぶりのイベント会場などもライバルタクシーを尻目に、乗客を見つける可能性大だ、と気づく。

人間は多面的だ。伸郎は、現実をしっかり受け止められないためなのか、ふと妄想を膨らませる癖がある。あの時、もう一つの選択を選べば、まったく異なる状況のなかに自分はいるはずだ。その思いで、学生時代に住んでいたボロアパートを借りようとしたり、元カノの実家にたびたび訪れ、ストーカーまがいの行為に走りかける。

文庫で３５０ページ足らずの本だが、２８０ページほど読み進めると、主人公の精神構造が乗り移りなんだか陰鬱な気分に陥る。最後に作者は、どうこの物語を締めくくるつもりなのか？　そんな心配をし始める。いっぽう第１５５回直木賞に輝いた作品だけに、とんでもない仕掛けが最後に待ち抱えているのでは？　という期待も膨らむ……。

最終版での出来事はネタバラシになるので、これ以上の解説をやめる。が、最後まで読んでの感想は、21世紀の小説も舞台装置こそ異なるが約４００年前につくられたシェークスピアの4大悲劇（ハムレット／オセロ／リア王／マクベス）から1ミリもはみ出していないのではないかと気づかされる。可笑しみ、悲しみ、そしてやさしさがにじみ出た人間の物語。

読みやすさ　★★★★　知識増強　★★
物語の楽しさ　★★　新ネタの発見　★★
残念なポイント「タクシー業界だけでつかわれる独特な符丁が、登場して臨場感こそあるのはいいが、読者にその意味がしっかり伝わってこない」

★橋本紡著『空色ヒッチハイカー』（新潮文庫）

――完成度の高いエンタメ小説だが燃費がやけに気になった。
（2009年8月刊／単行本は2006年12月）

4つ年上の超優秀な東大出のお兄ちゃんがいる高校3年18歳の彰二《しょうじ》クンが、この物語の主人公。

物語は、主人公が夏期講習をすっぽかし神奈川から無免許運転で西へ西へと向かうところから始まる。兄が所有する2年がかりでリストアされたド派手の空色のボディカラー1959年式のキャデラック。現代のクルマからは異様に見える細身のステアリング・ホイールを握ってだ。

目的地がどこなのか、なんのための逃避行なのか？　皆目不明。読むほうは疑問が広がる。

途中、ヒッチハイクをするいろんな人との出会いがある。生活に疲れたサラリーマン、戦後の日本がGHQに占領されていたころを語る不思議なおじいさん、車内で目を離したすきにメイクラブする非常識なカップル、親の無遠慮な言葉に深く傷つきプチ家出したイマドキの女子小学生など。

藤沢でピックアップした彰二クンより4歳年上の杏子《きょうこ》ちゃんは、特別だ。なぜか目的地を告げず助手席に乗ったまま、九州まで一緒に旅をする。杏子ちゃんはいわばこの物語のサブヒロイン。

杏子ちゃんは、スタイルもよく美形。彰二クンは、憎からず思っている。で、サバを読んで杏子ちゃんと同い年と伝えるが、いつも彼女にマウントをとられることが多い。宿は、ラブホだったり、安いビジネスホテルだったり、あるいは車中泊。でもでも、彼女のガードが固く、男と女の関係には至らない。

6日目、あと少しで九州に上陸というときにそれまで順調に走ってくれていたキャデラックがいきなりエンジン・ストップ。ウンともスンとも言わない。文科系で、メカに強くない彰二クンはエンジンルームを覗くもお手上げだ。その時たまたま同乗していたヒッチハイカーの石崎さんがいたおかげで、JAFを呼ぶことなくキャデラックは元気を回復する。

古いクルマなので、いまのような電子燃料噴射ではなく燃料系がキャブレター方式。キャブの内部にゴミが詰まりエンジンに燃料が送られず、エンジンが不調に陥り動かなくなったのだ。

キャブ単体をクルマから取り外し、各部を分解して、とことん掃除し、ゴミを取り除く。石崎さんは、東北大の大学院で物理を学んだ人物だが、なぜか整備士の資格も持っていた。中華料理のバンバンジーの詳細なつくり方まで空で言え、それと語感が似ているバンジージャンプも少しも怖がらずやっちゃう。このひと、2年間野宿しながら旅を続けている、いささか吃音の癖がある筋金入りのヒッチハイカーなのだ。そんな捉えどころのない石崎さんのおかげで、キャデラックは息を吹き返す。

彰二クンは、いろいろな人と交流することで、よき影響を受け成長を続けるという……この小説、いわゆるビルデュイングス・ロマン（自己形成小説）とは言い難い。あまり周りの人には影響を受け、コップの溶液がスポイドのわずか一滴でコロッと色が変わるようなことはない。意外と頑固者。

じつは杏子ちゃんも来し方行く末を振り返り、行き詰まっていた。その時彰二クンは、適切な言葉をかけたり、癒しの行動に出られなかった。彰二クンは苦悶する。漱石、太宰、鴎外をはじめ小林秀雄、正宗白鳥、中野重治など数多くの文学書を読み、「思想と実生活論争」について自主的に調べたり、宇宙や生物進化の理論ぐらい、それなりに嘯《うそぶ》くこともできる。それなのに、ひとつとして杏子ちゃんを癒す言葉も出てこないし、行動も身についていない！　青年特有の万能感も萎えしぼみ、無力感に直面する彰二クン。

さて主人公の頑迷さのことだ。経験を積んできたシニアが頑固なのはよく聞くところだが、イマドキの若者も、意外と自分の殻を打ち破れない。その頑丈な殻を最後の最後で、尊敬するお兄ちゃんの生き方を目の当たりにし、杏子ちゃんとのコミュニケーション、この2つの体験で覚醒する。ここにきてようやくロードゴーイング・ストーリーが見えてくる……。

こうして片道7日間、往復で2週間の半世紀前以上の古いアメ車でも旅は、彰二クンの一生を左右する旅だった。

340ページ足らずのこの本で一番しびれたのは、複雑な鋳物をつくるときの中子のように挿入されている、彰二クン11歳の時のお兄ちゃんとのエピソード。街の映画館で偶然観たケビン・コスナーの初期の映画『ファンダンゴ』という少し古い映画が二人の心に深く刺さった。お兄ちゃんは感動のあまり家族の心配をよそに別の日に朝から映画館に入りびたり5回も観た。字幕を暗がりの中で必死にノートに書きとり、字幕を完成させる。彰二クンもその作業を手伝った。感動した映画をここまで味わい尽くせる情熱と実行力に打たれるハズ。

ところで、この本は小説ということを承知で無粋なことを言わせてもらえば、彰二クンの財布は大丈夫だったのか？　ひたすら下道《したみち》を走ったので、有料道路代はゼロとしてもガソリン代が膨大に。１９５９年式のキャデラックは、車体が無暗にでかく、エンジンはＶ型８気筒排気量６４００㏄もある超弩級フルサイズカー。そのため燃費はＦ１並みでリッター２㎞台。仮に２・５㎞／Ｌとして、横浜⇔佐賀の唐津が片道１１２２㎞なので、行きだけで約４５０Ｌのガソリンを消費する。ガソリン価格リッターあたり１５０円で計算すると、片道だけで６万７３２０円。往復だと13万４６４０円の計算だ。とても完成度の高いエンタメ小説だが燃費がやけに気になった。

読みやすさ　★★★★　知識増強　★
物語の楽しさ ★★★★　新ネタの発見 ★★
残念なポイント「お兄ちゃんを深く魅了した唐津の女性の描写が弱い。エリートの道をあえて捨てるだけの素晴らしい女性のことを知りたい。」

★伊坂幸太郎著『ガソリン生活』（朝日文庫）

――自動車をもうひとつの主役として物語を成立させる力量に敬服。

（2016年3月刊／単行本は2013年3月）

自動車をとことん擬人化したサスペンス&ユーモア小説だ。
早くに夫を亡くしたシングルマザーの望月郁子には3人の子供がいる。長男20歳の良夫、長女17歳のまどか、それに次男の亨10歳。母親郁子は、女手一つで3人の子を育て上げたにしては、所帯やつれなど微塵も見えない。それどころか、いまだに育ちの良さが見え隠れする、おっとりしたお茶目な女性。長男良夫は、その名の通り、お人好しで頼りないマイペース人間。次男の亨は、とても10歳には見えない知恵と勇気もち、それに旺盛な好奇心にあふれ、小学生とは思えぬ生意気な口調で、社会全体を見渡す発言をする。兄貴の良き知恵袋。この一家が、いくつかの事件に巻き込まれ危険な目に遭いながらも、持ち前の勇気とユーモアと正直に問題に向き合うことで、人生を切り開く。

そんな望月家には1台のマイカーが家族の一員として活躍している。

緑色のデミオだ。通称「緑デミ」の名で呼ばれる。緑デミは、じつは会話ができる。会話といっても、車同士で、排ガスが届く距離ならよそのクルマと自由におしゃべりできる。でも、人間とは会話できないから、いつも緑デミはモヤモヤすることが多い。加速も減速もハンドリングもクルマ自身の意思ではできない。運転手の感覚、状況判断、技術、新調査に全て委ねているため、過酷で危険な走行を命じられれば、それに従うしかない。速度を落として！　もっと注意して！　と叫んでもそれは届かない。となれば、恐怖を打ち消すため意識を失うしかない、そんな存在。

乗り物の擬人化といえば、ディズニーの映画「カーズ」や「きかんしゃトーマス」を思い浮かぶ。この小説は、望月家を中心とした人間同士の会話の世界と、デミオや隣の小学校の校長先生のクルマ・カローラGT（通称ザッパ）や事件を通してファミレスやコンビニの駐車場で隣り合ったクルマたちとの会話（車車間会話）のいわばダブル・トーキング。読み始めると、なんだか複雑な世界観に見えて、頭のなかをストーリーが行きつ戻りつするのだが、30ページほど読み進めるうちに、筆者の物語の構成が徐々に理解できてきて、わりとスイスイ読み進められるのは、筆者一流の筆力だと思う。

事件の大筋は、仙台のトンネル内の自動車火災事故で2人の命が失われ、その一人が有名女優だったこと。パリのセーヌ川のと並行に走るトンネル内で命を失ったダイアナ妃をホーフツとさせ、大きな謎を呼ぶ。自己をめぐつて芸能記者、隣の校長先生、帽子をまるでブーメランのようにしてカラスを退治するおばさん、個性豊かな小学生の子供たちなどが登場。さらにトンネル内人身交通事故だけでなく望月家周辺にはさまざまな問題が起き望月家は大ピンチ。緑のデミオもこうした渦の中にグルグルと巻き込まれる。

擬人化というのは、英語でPersonificationというそう。人間以外のものを人物として、人間の特性や性質を与える比喩の手法。調べてみると、アプリの市場ではすでに100以上の擬人化アプリがあり、有名企業が擬人化アニメをつくったり、擬人化キャラで新たな客層を呼び込んだりして、いまや擬人化は一つの文化手法といえそう。擬人化することで、ひとは対象物に感情移入しやすく、理解しやすくなる。

ちなみに、「きかんしゃトーマス」は、英国人牧師ウイルバート・オードリー（1911〜1997年）

が少年のころから思い続けてきた医師と感情を持ったＳＬの物語を、はしかに罹患した息子のまくらもとで読み聞かせたのがきっかけだったという。１９４２年、オードリーが31歳の時。息子クリストファーから細かな点の矛盾をメモ書きして、書き記し、これをベースに妻のマーガレットが絵本にして１９４５年５月発売にこぎつけている。

これを考えると、小説のなかで、クルマが言葉をしゃべったり意思を持つ、というのはさほど不思議なことではないのかもしれない。

コトバでただ単にクルマに人格を持たせる、というが、いざ物語のなかで、それを生き生きと躍動させるには、相当の筆力がいる。想像力、構想力や物語を飛躍させる力も必須だ。

クルマに試乗してその印象を分かりやすく書き連ねている仕事に終始しがちな、自動車ジャーナリストにはその力量を発揮するには相当の距離がある。厳しい目で見ると、自動車の特性にまつわる話題が正確に書くところも見受けられるが、ここまで首尾一貫自動車をもうひとつの主役として物語を成立させる力量に敬服に値する。

読みやすさ　★★★★　知識増強　★★
物語の楽しさ　★★★★　新ネタの発見　★
残念なポイント「477ページ……バッテリーが切れた時、別の車両にブースターケーブルで、充電させてもらい。これはまちがい。スターターを別のクルマのバッテリーの力を借りて回すことで、エンジンをかけるだけで、充電はしない……鬼の首をとった感じですが?」

★矢作俊彦著『夏のエンジン』（文春文庫）
―作者の小説の文体に初めて対面する読者は、少なからず戸惑う。
（2004年11月刊／単行本は1997年9月）

ハードボイルドは固くゆでられた〝ゆで卵〟を指す。そのことから、ハードボイルド小説とは、ミステリー小説の一分野を占め、感傷や恐怖などの感情に流されない、精神的かつ肉体的に強靭、妥協しない人間性を指向する。矢作俊彦氏は、そのハーボボイルド小説のなかでも、日本人離れしたスタイリッシュな文体で斯界に独自の地歩を築いている。

作者の小説の文体に初めて対面する読者は、少なからず戸惑う。この小説集は12編の短編から構成されているが、かくゆう書評子もその仲間のひとり。とくに書き出しの情景描写を頭の中に描くには再再読の必要があった。

たとえば、「ボーイ・ミーツ・ガール」という作品の書き出しはこうだ。「坂は、タライに立てかけた洗濯板みたいに港に向かって下っていた。見上げれば、そのうえに空がやたらと巨きく、見下ろせば、町がちまちまと息苦しく海に入り混じっていた。」洗濯板といわれても、ギザギザの板を頭に描ける読者はたぶん少数派だし、ひとつの文章が、1行を越えない、超短文で構成されている。なによりも、出来の悪い小説にありがちな、「ところが」とか「こうしたなか」とか「そうこうするうちに」、「しかも」といったつなぎの単語が極端に省かれるので、ますます読者は頭を研ぎ澄ませないと前に進まず、空回りする一方になる。

この「ボーイ・ミーツ……」の舞台は、松本清張の小説のようには明記されていないので、読み進める中で想像するしかない。……海辺の近くで、しかも米軍のベースがあるということから横須賀らしいことがわかる。時代は、1950年生まれの筆者が子供時代を送った1960年代と思われる。

主人公は好奇心あふれる7歳の少年。どんな少年かというと、同級生の母親がいうには「物知りの仙人みたい」。夕暮れ時、ランドセルを背負ったまま下校時に遠くの灯台をじっと眺めている、そんな少年。

その少年が、タイトルにあるように一人の少女と出会う物語。少女は、青い目の外国人。二人を引き合わせたのは、これまた奇妙なミニカー。まるでおもちゃのような、2ドアでもなく3ドアでもなく、1ドア、つまり1枚のドアしかない小さな車。フロントにしつらえたドアを開け閉めして乗り降りする。ドアにはハンドルと計器盤が付いている。種明かしすればBMWのイセッタである。

そのイセッタに少年は少女とのやり取りが実り、乗り込むことができた。そこは子供の目から見ても、自動車の車内というよりも、遊園地の乗り物の内部に迷い込んだ感覚。筆者は、「このことに少年はしたたか打ちのめされる」と描写する。それ以上の説明がない。子供の目線で描く物語世界。これがハードボイルドタッチ。

この少年の夢は、「この小さなクルマなら自分でも運転できるのではないか?」ということだった。そこで突然個人的体験を思い出した。書評子が小学生のころ散髪屋をやっていた親父にこんな提案をした。当時爆発的に人気だったダイハツ・ミゼットの荷台に理容の椅子をしつらえ、出前バーバーズショップを展開するというものだ。洗髪はどうするのか? 雨が降ったらどうする? といった細かなことはまるで考えず、得意になって主張したものだ。でも、理容業が客待ちビジネスから脱却する画期的な手法だと、いまでもそのアイディアの根幹は悪くない!?

冒頭の作品「白昼のジャンク」は、さらにハードボイルド度が高まっている作品だ。

物語は真夏の荒涼とした空き地の描写から始まり、若い男女（この小説集はみな若い男女が多い）がそこで何かがくるのを待っている。やがてそれはレッカーで運ばれてきた。見るも無残なスポーツカーの残骸だ。ベレットGT。

投げやりにも見えなくもないクールでシンプルな文体が醸し出す世界は、下北半島の恐山を連想させる。恐山は、この世の非情さを癒してくれる聖地。ジャンクとなった友人のクルマに群がる若者3人。冷酷で非情な世界のなかにも、深い愛情がにじみ出ているかに思える。

本のタイトルである「夏のエンジン」という作品の導入部は、なんだか井上陽水の「傘がない」を思い出す。つけっぱなしのラジオが新宿の火災事故を伝えたり、アフリカで飢え死にする子供たちの悲惨な現状を報告する。でも主人公は、こうした世の中の出来事などまるで関係ない。両開きの広い扉のフランス窓を備える海辺のホテルの部屋の居心地を味わい、ボーイフレンドとの遊びの計画を頭に描く……。若者のミーイズムともいうべき世界観を描く。

ハードボイルド小説は、何もサスペンスや探偵の手柄話を追いかけるわけではなく、人間の心のなかや、少年時代の奥に眠る夢や願望を描く。大半の読者は途中で物語が空転して迷子になり、投げ出すケースが多いかもしれない。でも、再読あるいは再再読することでこの小説の苦みが徐々に理解でき、やがて雲の隙間から明るい太陽が顔を出す。なかなか滋味のある余韻に浸れる作品が見つかるハズ。その意味では、余人をもって代えがたい短編集、というと褒めすぎになるだろうか？

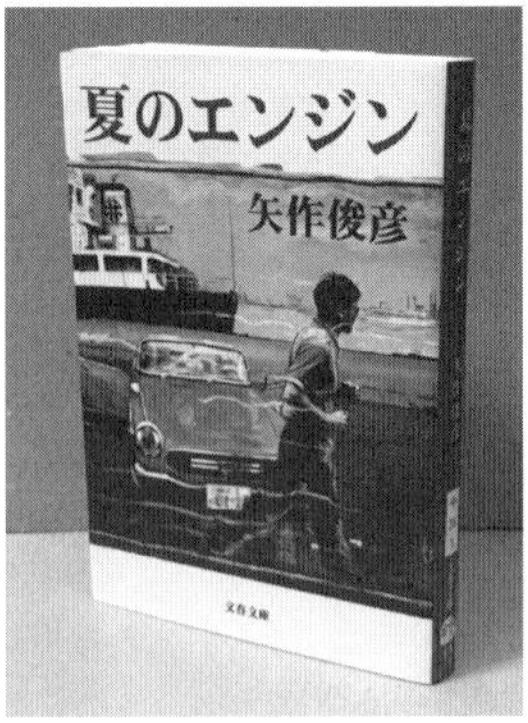

読みやすさ ★　知識増強 ★★
物語の楽しさ ★★★★　新ネタの発見 ★★
残念なポイント「筆者のあとがきが欠落。あえて本名を発表しない筆者の態度は、すべては作品にある、と主張している!?」

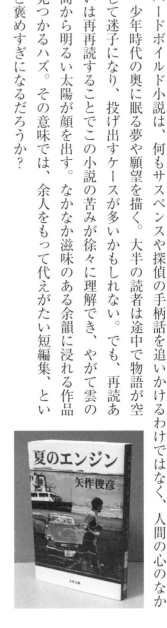

★ブロック・イェイツ著『エンツォ・フェラーリ』（集英社文庫／桜井淑敏訳）

――同じ敗戦国の日本人として、イタリアの戦後のリアルが描かれ大いに興味がある。

（２００４年１月刊／単行本は１９９１年）

ＮＣＡＰというのをご存じだろうか？　ニューカー・アセスメント・プログラム、つまり新車の安全性評価のことだ。自動車の安全性を衝突試験などパッシブセーフティとアクティブセーフティを多岐にわたる項目を、星の数で消費者にひと目でわかる手法で愚直に告知をする。１９７９年にアメリカで始まり、たとえば日本ならＪＮＣＡＰ、欧州ならユーロＮＣＡＰ、ラテン・アメリカならLatin NCAP、韓国ならＫＮＣＡＰ、中国ならＣＮＣＡＰと呼ばれる安全評価を国や地域ごとに毎年発表している。

このＮＣＡＰの国際会議が、毎年都内で開催されている。日本の自動車メーカーや部品メーカーが多数集い、各国ごとの安全への取り組みが、微妙に異なり面白い。書評子は、これまで10回近く、このイベントを取材してきた。ある時この会議の参加メンバーにふと疑問がわいた。ドイツが会議をリードし、アメリカがそれに加わり、フランス、韓国、日本、アセアンの担当者が登壇するが、イタリアは自動車立国なのに、一度も顔を見せたことがない。フェラーリやアルファロメオ、フィアットの安全についての話題がほぼゼロなのである。

この国際会議を主催する代表者のＹさんからこんな話を聞いた。彼が世界の主要カーメーカーにあなたたちは自動車をどういう気持ちでつくっているのか？　と聞いたところ、ドイツのメーカーは「より良い移動の道具をつくっている」と答え、英国では「馬車をつくっている」といい、アメリカは「移動する部屋をつくっている」と答え、スエーデンは「熊をつくっている」、フランスでは「人生をつくっている」、そしてイタリアは「オモチャをつくっている」と答えたという。

たぶん翻訳次第で振り幅が大きくなった答えだが、心の底の真実を読み取る答えとしては意味深だ。ドイツはもちろん、スエーデンもアメリカも、英国もいちように クルマを買うとき、安全性を上位に考える。ところが、イタリアでは、クルマを買うときそれほど安全性を重要視しないという。21世紀に入ったころ、たとえば軽自動車と普通車という具合に重量差のある車同士の衝突で互いの被害をミニマムにする安全性の考え、〝コンパティビリティ〟が世界的課題になった際も、イタリアの自動車メーカーは開発イノベーションに乗り気ではなかったという。

フェラーリの創業者で、多くのフェラーリ伝説を作り上げたエンツォ・フェラーリ（1898〜1988年）の伝記に目を通すと、イタリア人のクルマの対する思いがドイツ人やアメリカ人、日本人とはかなりかけ離れたところにあることがよくわかる。「安全性を高めるため」とか「乗員の生命を守るため」といったフレーズは、エンツォの人生をくまなく描いた文庫500ページほどのどこを探しても見つからない。戦前から戦後60年にわたりレーシングカーと富裕層向けのプレミアムなスポーツカーをつくり続けてきた彼の頭のなかは、つねにライバルを圧倒するパワフルなエンジンであり、思わず息をのむ官能的なボディスタイル、この2点しかない。

そのボディデザインですら、エンツォが自ら作り出したものではない。設計図の線一本もエンツォは描いたこともない。ミラノとトリノの周辺にはカロッツリアと呼ばれるデザイン工房があり、そこにボディを丸投げしていたにすぎない。

戦前から戦後しばらく、おこなわれていた公道を使った過酷な自動車レースも〝ミッレ・ミリア（1000マイルの意味）〟は、いまでは牧歌的な良き時代のカーレースとしてノスタルジックに語られることが多い。だが、実は多くのドライバーと観客を巻き込み、悲惨なドラマが繰り広げられ、マスコミだけでなくバチカンからも中止を提言されていた。

アメリカの自動車雑誌「CAR & DRIVER」の編集長を長年携わり、のちフリーとしてTV番組の司会や映画の脚本を手掛けてきたノンフィクション作家でもある筆者のブロック・イェイッ（1933～2016年）は、フェラーリの数多くの神話の仮面を容赦なく引っぺがす。

自動車のレースには他を寄せ付けないほどの熱い情熱を持ち、仕事をしたエンツォだが、「フェラーリは新しい自動車のテクノロジーを考え出し完成させたことがない。（中略）エンジンを車体の中央に置くミドシップ、スペースフレームのボディ構造、ディスクブレーキ、コイルスプリング、マグネシウムホイール、グラスファイバーのボディなどを拒否して、その結果としてオリジナルな技術を完成したのならまだしも、ひどい敗北を味わうと何事もなかったかのように考えを改めてしまう」

エンツォのイタリア人を代表する（？）俗物的生き方を、余すことなく描く。

そもそもこの作者に言わせると、イタリアの男は、複数の女たちと関係を持つことが男らしい純情で素直な生き方だと考えている。だから、イタリアの男は他人にいえない疑いと不安を抱えているという。自分が多くの女性と関係を持てば持つほど、それは回り回っていつの間にか自分も妻を寝取られたトンマな男になっている……。そのことにある時気付く瞬間が来るというのだ。エンツォはそこまで頭が働かなかったらしく、正妻のほかにステディな女性が複数抱え、さらにパリからやってくるレディやお城に住む奥様など上流社会の女性との情事を終生楽しんでいた男だったという。

では、華麗で羨望の的であり続けたフェラーリ伝説はどこから誕生したのか？　これについても著者は、ズバリ種明かしをする。

取り巻きのジャーナリストに自分の都合のいい伝記を複数書かせるほかに、アメリカ人のジャーナリストのチカラを上手に利用したという。ちょうど米ドルが強力だったアイゼンハワーの時代。彼らはわずかな出費でロマンチックなカーシーンと伝統的な街並み、美しい風景とエレガントな女性、山盛りの豪華な食事を手に入れることができた。モデナスタイルの心地いい生活に熱狂していたこの連中が、フェラーリの神話を作り上げる大きな働きをした、という。

この本は7年間で約１００人の関係者にインタビューして作り上げた作品。単にエンツォ・フェラーリの生々しいヒストリーだけではなく、イタリアの近代史、とくに第2次世界大戦前後の歴史も知ることができる。同じ敗戦国の日本人として、イタリアの戦後のリアルが描かれていて大いに興味がある。それとホンダＦ１の監督だった桜井氏の翻訳なので、メカニズムの部分もハラハラすることなく、十分楽しめる作品だ。

読みやすさ　★★★　　　　知識増強　★★★★
物語の楽しさ　★★★★　新ネタの発見　★★★
残念なポイント「なじみのないイタリア人の名前が多く登場するので、メモを取りながらの読書となる。巻頭に主要登場人物の解説があるといい。できれば、主要車両の写真かイラストが添付していると完璧だ」

★梶山三郎著『トヨトミの逆襲　小説・巨大自動車企業』（小学館文庫）

―自動車が大きな曲がり角に来ている今、喫緊の話題を掬い取った近未来経済小説。
（2021年11月刊　単行本は2019年11月）

トヨタの豊田章男氏をモデルとおぼしき主人公は、トヨトミ自動車の豊臣統一《とういち》。そのトヨトミ社長を取り巻く人間模様を横軸としたら、縦軸には、CASEつまりコネクティド（つながる）、オートノマス（自動化）、シェアリング（共同利用）、エレクトロニック（電動化）をキーワードにした21世紀型の新しい移動社会の在りかた。

このモヤモヤして、一見わかりづらい近未来の自動車社会をこの文庫本230ページほどの小説を読むと、ごくごく身近なものとして、目の前に現れる気がするから不思議だ。やはり100の論文をいくら読んでも心底理解できないのと裏腹に、物語世界の神通力のすごさをあらためて思い知る。

いまや世界の経済を牛耳るシリコンバレーから誕生したＧＡＦＡＭなどのＩＴ企業は、ＣＡＳＥの覇権を握ることで、旧来の自動車だけをつくり続けてきた企業は没落もしくは下請け会社に凋落していくこと間違いなし!?

トヨトミ自動車は、典型的な日本型ファミリー企業。ハイブリッド車で世界を圧倒したトヨトミは、わずかな油断でＥＶの開発に遅れをとった。このままでは、トヨトミ自動車は跡形もなく消えていく恐れもある。

そこで、トヨトミ社長は、息子にバトンタッチし次世代を託すためにも、とりあえず性能のうえで世界トップの電動自動車の開発を急ぐ。一回の充電で航続距離１０００キロを目指すことが当面のゴールだ。現行のガソリン車との使い勝手に近い。違和感なく、ＥＶへの乗り換え需要が見込め、トヨトミはとりあえず安泰という青写真も描ける。開発の肝は、エネルギー密度の高い固体電池。この開発が急務だ。ところが、航続距離１０００キロを目指す固体電池の開発が期待されながらも、遅々として進まない。技術的な袋小路に迷い込んだのだ。

さぁ、どうするトヨトミ自動車！　巨大企業がわずかな失策から音を立てて瓦解することは過去にいくつもあった。その絵柄がトヨトミ社長の脳裏に何度もあらわれる。

危機感を背負ったトヨトミ社長は、なんと下剋上のごとく経済界に現れた日本の巨大ＩＴ企業の宗社長（たぶんモデルはソフトバンクの孫さん）と手を組むことで打開を図ろうとする。宗社長は、レベル５の完全自動運転車をライドシェア方式で運営することで、クルマの総量を激減させる。それによって不要になった都会の駐車場を更地にし、そこに新しいビジネスを展開する、そんな野心的な都市改革プランを頭に描く。期せずして、〝自動車を売る会社から、モビリティ・カンパニーにシフトすること〟を目指すトヨトミ社長と着地点は同じだった。

トヨトミ社長が向き合う難問に明かりが見えた。

航続距離を延ばすための秘策は、なにも電池の性能を高めるだけではなかった。モーターを劇的に高性能にすることで、航続距離1000キロが見込める見通しがついた。

その技術を獲得したのが、かつてトヨトミと取引のあった伊賀の従業員数十人の零細企業。画期的なモーターを開発した中心人物は、高校中退した、とくに系統だった教育を受けてこなかったひとりの青年だ。旧来の技術にとらわれない柔軟な考えが実を結び、航続距離1000キロ可能なEVの商品化に道を開いたのだ。

綱渡り的にもトヨトミ社長は、無事息子に後を託すことができる、と思いきや……。

自動車という最も近代的な製品をめぐる小説はこれまで数多くあったが、これほどリアル感を味わえる経済小説はまれ。物語の達人（ストーリーテラー）と自動車の業界を熟知するプロ、この2人（もしくは3名）でこの作品は書き上げたものだと推理できる。続きの小説もおそらく準備中ではないだろうか。

ちなみに、著者名の梶山三郎は、「黒の試走車」などを書いた梶山季之と「価格破壊」など多くの経済小説を書き残した城山三郎からとったペンネームだと容易に想像できる。

読みやすさ　★★★★★　知識増強　★★★
物語の楽しさ　★★★★　新ネタの発見　★★★
残念なポイント　「経済小説にありがちな男同士の駆け引きがひとつの軸らしいが、これが多すぎる」

エッセイ＆評論

★ケン・パーディ著『自動車を愛しなさい』（晶文社／高斎正訳）
―すぐれた自動車ジャーナリストの仕事ぶりを味わえる一冊。（1972年刊）

『自動車を愛しなさい』と命令調のコトバを聞くとなんだか、「わたしを愛しなさい！」と常日頃恫喝されているモラハラ女房を持った男の悲哀を思い描いてしまう。

そもそもタイトルからして、なんだか押しつけがましく、変な匂いのする本だ。1960年にアメリカで出版されている。邦訳された単行本（写真）が日本の本屋に並んだのは、12年後の1972年のことだ。半世紀前！　はっきり言って相当古く、それこそトウの昔に忘れ去られていた感じの本である。ひょっとすると、タイトルからして……エルビス・プレスリーの「LOVE ME TENDER」（やさしく愛して：1952年リリース）に影響を受けたのか？

こんな本を見つけた理由？　読書家ならわかると思いますが、本の世界は芋ずる式というか、互いに細い糸でつながっている世界。古本屋でふと手にした自動車バイクの専門書店リンドバーグの創業者が著した書籍「私のとっておきの本棚」（CGブックス：2007年刊）のなかで、この本を見出したのだ。もう少し書名にこだわりたい。

原題は、『WONDERFULL WORLD OF THE AUTOMOBILE』。そのままの邦訳「自動車の素晴らしき世界」より「自動車を愛しなさい」の方が、本屋の店先で手に取ったときのインパクトは大きい。タイトルひとつで売れる売れないの明暗が分かれることもあるだけに、本のタイトル（映画もそうだが）

を付けるのは、ストレスがかかる仕事だし、本当に難しい。

あまり知られてはいないが、タイトルの決定権は実は筆者にあることはまれ。チカラ関係から編集者が独断に近いかたちで決められることが多い。だから、ときどき内容とは裏腹な頓珍漢なタイトルが世に晒されることになる。

いささかこの毒を含むタイトルのおかげで、営業的にはあまりよくなかったと推理する。

しかも、この本の序で、筆者（KEN PURDY：1913〜1972年）みずからが「毛色の変わった本だ」と告白。「私の興味をそそったものだけを書き連ねた、いままでの本の書き方とは異なったものだ」。これじゃ、さすがの読者も1歩後ずさりして、遠巻きにして覗き込む姿勢をとる!? エッセイだと思いきや短編小説が登場したり、自動車メーカーの辛辣な寸評だったり……。いわば予定調和なしの縦横無尽、著者好み120％の構成!?

世は、カタチでつくられているとするならば、この本は、《大人の落書き帳》？ 脱線と破綻、という言いすぎだが……思わず投げだしそうになる？

ところが、である。数10ページ読み進めてみると、そんじょそこらのクルマの雑学本とはまるで違うことがわかる。あまりに劇的に評価が一変する。

余人をもって替えがたい独自性というものか。一筋ならではいかない、複雑なクルマをめぐる歴史や社会、人間とのかかわりを分かりやすく腑分けしていく。なかでも、伝説的な公道を使ったカーレース「ミレ・ミリア」（1927〜1957年：イタリア語で1000マイルの意味）の常に死と背中合わせの世界がよく描かれている。このレース、あまりよく理解できずモヤモヤしていたが、この本で、当時のレースの実態と時代の空気感があらためて読みとれた。

この本の底に流れるものには、凡人にはとてもうかがい知れない教養と知性、それに人生の深い悲しみがまじっているにかも知れない。

筆者パーディのモノを見る視座が、たんに独自性だけでなく、緻密な取材で構築された強固な背骨を持っているかのようだ。自動車が現在とは比べ物にならないほど〝危険な乗り物〟だったがゆえに生まれた、触れると血が出そうな、そんな引き締まったシャープな文体の魅力も見いだせる。

彼のプロフィールを眺めると、6歳で父親を失い、地方の大学でまなび、そしてニューヨークに出て三流雑誌（低俗マガジンPulp MAGAZINEの類）への寄稿から始まり、「プレイボーイ」誌など一流雑誌の執筆陣の仲間入りをし、1972年、59歳で銃による自殺を遂げている。一語一語かみしめる価値がある、すぐれた自動車ジャーナリストの仕事ぶりを味わえる一冊だ。自動車関連書籍の《古典》と位置付けていいと思う。再販が望まれる。

読みやすさ ★★★　知識増強 ★★★★
物語の楽しさ ★★★★　新ネタの発見 ★★★★
残念なポイント「余人をもって代えがたい作品ゆえ、特になし」

★中部博著『和風クルマ定食の疾走――日本的自動車づくりの発想』(JICC出版局)

―ユニークな国産自動車メーカー訪問記。(1988年12月刊)

緻密な取材の積み重ねで、これまでの伝説を見事に覆した『自動車伝来物語』の著者でノンフィクション作家・中部博氏（1953年生まれ）の一冊だ。ひと言でいえば中部色に染め上げた弁舌たくましいユニークな国産自動車メーカー訪問記である。

失礼ながら、メカニズムには詳しくはないが、めっぽうクルマが大好きな筆者の中部氏は、ふと「クルマはどんな考えでつくっているのか?」という好奇心がむくむくとわいてきたところからの始まり。そこで地道にカーメーカーを訪ねまくり、その答えを求めようとする。

そもそもクルマだけにとどまらないが物事を詳しく語ろうとすればするほど、他者に伝わりづらいものだ。頭を冷やして考えれば、乗用車は、個人的な移動手段の道具に過ぎない。

ところが、ふだん足として使うクルマを〝愛車〟（すでに死語!?）と称したり、なかには愛玩動物のごとくニックネームを付ける。私が所属していた出版社のかつての同僚は自分のRX－7をなぜか？　ゴンタ君という名前を付けていた！　あるいはかつての電車のように○○号と名付ける御仁までいる。そこまでいかなくても、クルマというカタマリのなかに人格が宿っている、と心の隅で思いがちである。たぶんそれは〝自分の手足の延長〟ということ。だから、クルマは人に語りかけたり、ときには支配までしてしまう。

この本は、日本のクルマづくりにかかわってきたエンジニアや商品企画担当者、営業マンに素朴な疑問をぶつけ、ときには筆者が子供の頃から積み上げてきた自動車へのあこがれや価値観のなかで自問自答を繰り返す。

ともあれ、この本のインタビュー時期は1980年代中頃。いまから40年以上前。登場するクルマは、かなり古い。マークⅡGX81、ソアラ、ホンダ・インテグラ、7thスカイライン、デボネア、マツダ・カペラ、スバル・エルシオーネVX、ダイハツ・リーザ。若い読者は皆目知らないし、そうでない読者も、どんなクルマだったのかにわかには思い出せないクルマがばかり。

当時のクルマはようやくキャブレターから電子燃料噴射にシフトしていった時代。現在のクルマのように、自動ブレーキも付いていない。1台のクルマのなかに10個も20個、ときには100個近くものコンピューターを搭載して、エンジンだけでなく、ブレーキ、シャシーの緻密な制御をおこなってはいない。安全性という切り口で比べてみても、隔世の感がある。でも、それは逆に言えば現在のクルマが失しているものを旧いクルマが備えているケースもある。

失くしたものの最大級のものは、モノづくりの現場とユーザーの距離感だ。80年代までのクルマは、ちょっとしたメカ知識があれば、手持ちのハンドツールで、自分のクルマの修理が楽しんでやれた。もっとも、イマドキのクルマもメンテナンスだけは、DIYでやれちゃうのだが、手が入る余地の見えないエンジンルームをのぞいただけで、いまどきの若者は門前払いを食らった思いをするのではないだろうか？

本のタイトル自体が、なんだかトンデモ本に思えるが、ごくごく普通の感覚のインタビュー記事だ

（単行本のタイトルは筆者の手を離れ編集サイドが決めることが多いから）。

そして読了してみての感想は、けっきょく個々のクルマをあれこれ考えることは、ハンドルを握る自分を見つめることだと気づくことに。「自分は何をクルマに求めているのか？」という問いに始まり、「自分とは何なのか？」「何を人生の目標としていくべきなのか？」そんな哲学めいた問いかけをし始める。

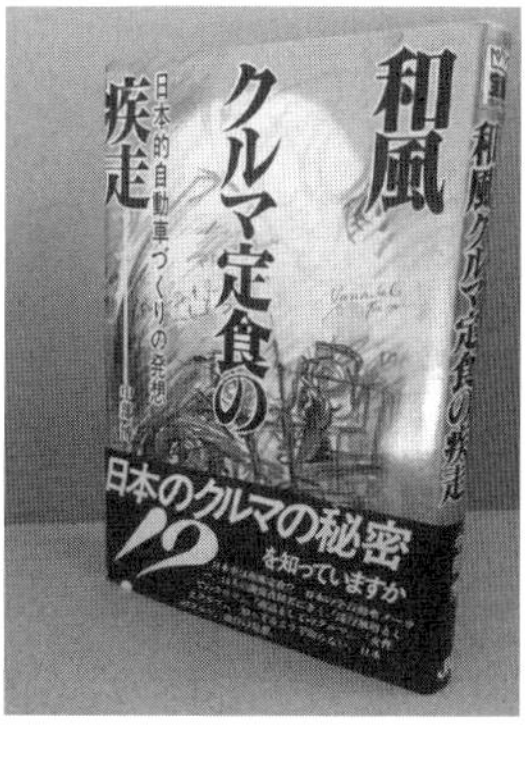

読みやすさ ★★★★　知識増強 ★★★★
物語の楽しさ ★★★★★　新ネタの発見 ★★★★
残念なポイント「第2弾を期待したいが、それを阻むものはユニバーサル性の欠如か？」

★ポール・フレール著『いつもクルマがいた』(二玄社)

―通俗的な自叙伝には終わっていない。(1999年3月刊)

〝世界でもっとも信頼されている自動車ジャーナリスト〟といわれたポール・フレール氏の自叙伝だ。となると、〝自動車ジャーナリストの大半は、信頼するに当たらない〟ということになり、思わず背筋が寒くなる!? 雑誌「カーグラフィック」で連載された記事をまとめて1999年に、A5版318ページの単行本化にしたものだ。

一言でいうと、かなり内容の濃い、専門用語が多い、いいかえればリテラシー能力を要する手ごわさを感じる一冊だ。たぶんこれは、翻訳者が長年クルマ雑誌を手がけてきた小林彰太郎氏だからだと思う。「カーグラフィック」の読者なら、読み解けるかもしれないところが、そうでない読者には、難解なところが多々あるのが残念。クルマに不案内な編集者が加わっていれば、たぶん読者層を劇的に増やせた、かな!? 老婆心ながらそんな思いが頭をかすめる。

でも、そうしたことを差し引いても、《ポール・フレール氏の人生は、自動車の発展とともにあった!》ということがよくわかるGOOD BOOKといっていいだろう。

なにしろ彼は、1917年生まれというから、まさにクルマの世紀といわれる20世紀初頭に生まれ。物心がつく幼年期には、幸運なことに父親がフィアット501(1460ccサイドバルブエンジン、最高速時速70キロ)を手に入れ、ドライブに連れて行ってもらっている。僻みに聞こえるかもしれないが……ちょうど30年後に生まれた書評子（広田）は自動車を身近に感じたのは10歳のときで、それもトラックだ。

ポール少年は、生まれながらにして身近にクルマが存在したのだ。そのころはまだ馬車がたくさん走っていて、路上には蹄鉄で使う釘がたくさん落ちており、そのおかげで日に何度でも、ひどいときには5回もパンクとなり、その都度チューブを修理したり、交換したりする作業に追われたという。

しかも、草創期のクルマは、少し前のPC（パソコン）と同じで、壊れやすかった。路面の悪さもあり、サイドメンバーやリーフスプリングがいきなり折れる、といった致命的トラブルが日常茶飯。だから当時クルマに乗るのは命がけだった。

そして驚くべきことに、ポールは、いきなり本物のクルマのハンドルを握ることになる。なんと10歳で！　1966年までベルギーでは運転免許証自体がなかったから、OKだった。しかも、クルマ好きのおじさんの手ほどきで、ダブルクラッチの操作を自分のものにし、ノンシンクロのギアをチェンジしたというのだ。天才クルマ少年なのだ！　うらやましい。

ブルッセルで送った大学生活も、さんざんクルマ三昧な日々を送り、社会に出てからはGMやジャガーの宣伝部やサービスマネージャーをやりながら、数々のクルマ体験をしていく。そしてついにレーシングドライバーとして活躍するまでになるのである。ル・マンやインディ500マイルとともに世界三大24時間レースのスパ24時間で3位になったことを皮切りとして、ミッレミリアをはじめ欧州の各種レース、アフリカや中南米でおこなわれた超過酷な公道GPレースなどに参加、エンツォ・フェラーリ率いるチームの一員としてレースに参戦した。このへんは、クルマがもたらす人生の楽園を満喫している。

こうした経験を踏まえ、自動車ジャーナリストの世界に軸足を移していったのが、40代のころ。そして、50代に入ると、日本の自動車メーカーとの縁が結ばれる。海外での販売に意欲をみなぎらせていた日本のメーカーがポール・フレールの感性を求めていたのだ。辛らつだが、的確な彼のアドバイスのおかげで、日本車が欧州や北米でのシェアを広げていったのである。なかでも、マツダやホンダなどのアドバイザーとして、おおいにポールのハンドリングに依存していたようだ。ポール曰く「1960年代の日本車といえば、エンジン、サスペンションともがさつで、実にお粗末な代物だった」と。

通俗的な自叙伝には終わっていないところが、この本の真髄かもしれない。20数年前の本だが、少しも古さを感じさせないのもいい。

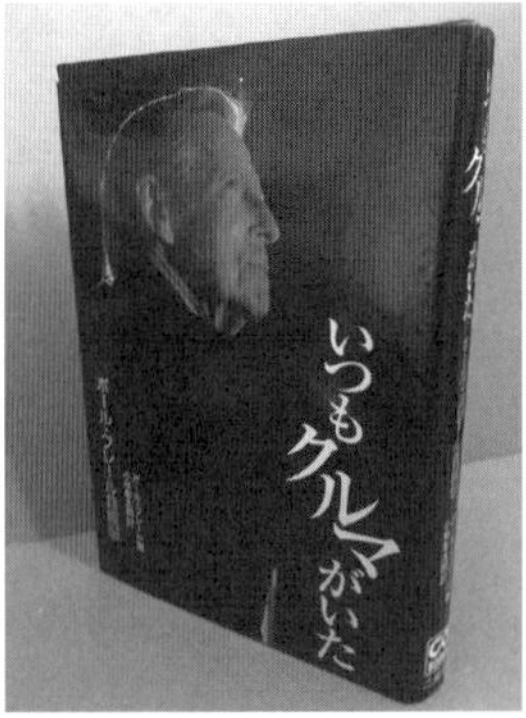

読みやすさ ★★★★　知識増強 ★★★★
物語の楽しさ ★★★★★　新ネタの発見 ★★★★
残念なポイント「翻訳がやや硬い。もう少し時代背景が描けていればさらに良し」

★梅原半二著『平凡の中の非凡』（佼成出版社）

―梅原猛の実父でトヨタ自動車の技術的基礎を築いたエンジニア。（1990年5月刊）

筆者である〝梅原半二〟の名前を聞いてピンときた人は、ほとんどいないと思う。〝はんじ〟という名前自体、歌舞伎に出てきそうなふた昔前の人みたいだし……。

じつはこの人、哲学者で日本古代史研究家・梅原猛氏（1925～2019年）の実の父親で、トヨタ自動車の技術的基礎を築き上げたエンジニアのひとりである。1903年（明治36年）に愛知県南知多町で生まれ、1989年（昭和64年）に亡くなっている。

聖徳太子や柿本人麻呂などをめぐる野心的で独創的な推論を提供した梅原猛。その実父が初代トヨタ・コロナの陣頭指揮をとったエンジニア。面白い取り合わせである。

この親子のつながりも調べると、興味深い。半二の妻、つまり梅原猛の母は、猛が幼児期に結核で他界し、半二も同じ病を得て長期入院をしたことで、愛知県知多半島の父親の兄（猛から見ると叔父）のもとで養育される。人生の非情さのなかで、息子と父親がそれぞれ自分のオリジナルな仕事を見つけ、たくましく懸命に生き抜く……。

この本には、そうした物語を直接描いてはいないが、ついつい外野席にいると二人の足跡に思いを馳せざるを得ない。

仙台の東北大学で、機械工学を学んだ半二は、たまたま豊田喜一郎と同窓が担任教授だったことで、トヨタ自動車に入社する。１９３６年、昭和11年。卒業後、肺結核にかかり長期入院していたため、数え34歳での就職。

イチからクルマづくりを始めたトヨタの草創期だ。たずさわったのが熱エネルギーをやりとりする装置・ラジエーターだ。途中で肺炎がぶり返すが、ようやく病が収まる。そして一大テーマだったクルマの冷却システムを確立していった。この分野はエンジン本体と比較すると地味な研究に映るかもしれないが、ウォータージャケット、ラジエーター容量、クーリングファン、ラジエーターグリルの容積とデザイン、ウォーターポンプ、サーモスタット、ファンベルトなど空冷にくらべ構成部品が多く課題項目も少なくない。一方で、エンジンの騒音を抑え、そののち注目される燃焼科学や排ガス技術にもつながる分野だ。

とにかく半二氏は、そののち品質保証担当を18年やり、トヨタ研究所長となっている人物。「コロナの初期の失敗、対米輸出の数々の失敗」とみずから告白している。この本、もともと技術本ではなく、エッセイを集めたものなので、書評子が知りたいこととなると、いささか隔靴掻痒（かっかそうよう）。でも、息子と父親との関係（そもそもこの本の編者は息子の猛なのである）などが伝わる。スタートこそ遅れたものの、自動車メーカーの基礎を築き上げ、晩年は豊田中央研究所の名誉所長として立派な企業人の足跡を残している。

ところで、『平凡の中の非凡』という、なにやら判じモノめいたタイトルは、いったい何だろう？　半二だけに、判じ？　というのは冗談だが、種明かしは本のなかにあった。半二さんの部下だった女子職員が結婚を期し退職する際に、祝福の意味で英英辞典をプレゼント。この辞書の表紙の裏に『平凡のなかの非凡』と書き込んだという。

女性が結婚を機に家庭に入る、とか辞書を贈り物にするなど、いまでは聞かなくなった昭和時代の原風景。この女性は打てば響くような素晴らしい勤務ができたという。「平凡に見える主婦の生活のなかにも、かならず非凡さが必要となる」そんな意味を込めて、書き送ったという。

ここで、いきなり「水」を例に持ち出し半二さんは説明する。

「水は古くから節約の対象にならなかったほど平凡だ。ところが自然界で水がもたらす役割が大きい。無色・無味・無臭・透明で常温では液体であるが、空気中に気体として常時存在し、海・川・湖・地中に蓄積され、立ち上がり雲となり霧となり、雨・雪・あられ、霜となって地上に戻る。ときには氷結したり、ツララになり、霧となる。その一つ一つが古来から詩歌の対象となっている。しかも物理的にも化学的にも非凡な特性を持つ。比熱はすべての物質のなかで最大の値を持ち、表面張力・熱伝導率・誘導率などの水銀をのぞくすべての液体のうち最大である……」

なるほど科学者らしいものの見方だし、息子の哲学的観察にも通じる世界観。漱石の弟子・寺田寅彦にも連なる視点。この本も、ところどころに非凡さが隠されていて、未知の世界を発見することが少なくない。

読みやすさ　★★★★　知識増強　★★★
物語の楽しさ　★★★　新ネタの発見　★★★
残念なポイント「どこか尻切れトンボで詰めが甘いのは、筆者が家族だから？」

★ポール・フレール著『新ハイスピード・ドライビング』（二玄社／小林彰太郎、武田秀夫共訳）

――著者の生真面目さが前面に出た教則本。（1993年12月刊）

世界的な自動車ジャーナリストにしてルマンなどで活躍したレーシングドライバーにしてベルギー人ポール・フレール（1917〜2008年）の硬派なドライビング・テクニック集である。

文は人なり、とはよく言ったもので、良くも悪くもポール・フレールさんの生真面目さが前面に出た教則本だ。活字を通して彼のロードインプレッションなどをいくつも目を通してきたが、ベルギーの裕福な家族のもとで育ったおかげで、実にまじめで真摯に対象をとらえ、仕事に打ち込んだ人物だということがわかる。

だから、この本は、ドライビングポジションの決め方からスタートし、ギアチェンジ、ブレーキングとすすむのだが、クルマをあやつる、つまりカードライビングは、クルマのメカニズムを知ること、さらにはクルマのメンテナンス（ブレーキフルードの劣化など）まで話が及ぶ。こうした運転の各動作を深堀りすることで、クルマを深く理解し、理想的な運転テクニックに結び付けていく。

しょうじき告白すると書評子は、こうした教則本が苦手。ところどころにあらわれる数式に面食らうし、そもそもバイクもそうだが、運転というのは失敗してなんぼの世界だと信じているフシがあるからだ。ともあれ、翻訳はカーグラフィックの元編集長が監修しているので、まず間違いないと思われる。

この本の魅力は、運転免許を取った初心者から、サーキットで競技を楽しむレーシングドライバーまでを対象にしている点のようだ。サーキット走行を安全におこなうまでのスキルや知識がとりあえず述べられている。とりあえずと言ったのは、この本は１９６３年刊だから、いまから50年以上前に書かれた本（翻訳は１９９３年12月）だから、現在の状況とはかけ離れたことがあるからだ。でも、基本はあまり変わってはいない。

数年前、ホンダがもてぎのショートコースで展開しているサンデードライバー向けのレーシングテクニックの初歩の初歩講座を取材したことがある。自分のクルマで、普段できないフルブレーキなどが楽しめるところが魅力。こうした講習会は、「ふだんの自分の運転を見直すきっかけになる！」として意外と人気である。意識高い系ドライバーは、この本でまず〝畳の上の水練〟をおこない、もてぎや鈴鹿サーキットで実践をおこなうのがいいのではなかろうか。

読みやすさ　★★★★　知識増強　★★★
物語の楽しさ　★★★　新ネタの発見　★★
残念なポイント「ほとんど知っている知識の羅列が少なくない」

★山川健一著『快楽のアルファロメオ』（中公文庫）

――アルファロメオに恋した一人の日本人のエッセイ。
（1998年6月刊／単行本は1995年11月刊）

いきなりだが、イタリア経験を冷静に呼び覚まし指折り数えてみる。

90年代にベータ（BETA）というイタリアのトライアルバイクに乗っていた時期があるし、観光先のニューヨークのアルマーニ店でTシャツを手に入れた。それにイタリア在住だった須賀敦子さんのエッセイや小説にはずいぶんのめり込んだ時期もある。同業者である日刊自動車新聞社の知人のアルファロメオ164Lのオイル&オイルフィルター交換をやったこともある。

アルファロメオ164Lのオイル交換作業は、強烈に記憶している。このクルマ、FFのV6エンジンだが、オイルフィルターエレメントがどこにあるのか、上から覗いても、下にもぐり探しても、見当たらない。

徐々に不安げな表情が濃くなるオーナーを尻目に、ときどき水中から出て息を吸うアワビ取りの海女さんのように、何度も何度もクルマの下にもぐって、30〜40分たった頃ようやく見つけた。ロアアームの上のごく狭い隙間に収まっていたのだ。門型リフトならいざ知らず、フロアジャッキと馬（リジッドラック）で持ち上げたわずかな空間では自由に横を振り向けず、発見が遅れたわけだ。

しかも、不思議なことにフィルター自体は手でも回せるほど初めから緩んでいた。フィルターレンチを潜り込ませられないほどロケーションが悪く、前任の整備士さんが手抜きしたに違いない。はっきり言ってヤバい状態だったのだ。

かつてのイタリア車は、しょっちゅう壊れるので、走っている時間よりも整備工場に入院している時間の方が長い、なんて悪口をいわれていたが、最近はドイツ車に迫る信頼耐久性があるという（アルファロメオの整備士コンテストを取材した際に、耳にタコができるほど聞かされた！）。

少し前のイタリア車のオーナーは、腹を抱えて大笑いするほどの奇想天外なトラブルを体験しているはずだし、ジャパニーズ・インダストリーとは異次元のイタリアン・インダストリーの醍醐味を感じているはず。

ところが、筆者山川氏はどうもメカニズムに関心が薄く、不具合を追求して言葉にする好奇心が薄いと見受けられる。そこが少し残念。それでも、活字の世界や映画に登場するイタリア車を紹介したり、独自の取材力でイタリアの、言うに言いがたい魅力に分け入ろうとする。つまりはこの本、アルファロメオ車に恋した日本人の一人の男のエッセイなのだ。

筆者のイタリアへの偏愛具合は、大いに興味が持てる。イタリアは、中世のヨーロッパの田舎の臭いがするし、季節でいうと秋なのである。どこか投げやりで、それでいてフレンドリーなアルファロメオの良さがぐいぐいと伝わってくる。数年前ジュリエッタのステアリングホイールを数時間握って横浜の街を走ったことがあるが、そのとき窓外の景色がイタリアンデザインに縁どられた錯覚に陥った。同時にアダージョ（緩やかに）、フォルテ（力強く）、カンタービレ（歌うように）、クレッセンド（だんだん強く）、ダカーポ（曲の最初から繰り返す）、それにフィーネ（曲の終わり）といった音楽の世界の用語が、頭のなかをかけ巡ったのだ。

コメの飯を食っている日本車オーナーも、懐（ふところ）とパーキング事情が許せば、イタリアン・フードを食べている人がつくるクルマを所有したい。

読みやすさ　★★★★　知識増強　★★★
物語の楽しさ　★★★★　新ネタの発見　★★★
残念なポイント「廃油が付着した手で書いた文章ではないような気がする」

★三好俊秀著『テストドライバーのないしょ話』（山海堂）

―日産の黄金期を知る超ベテラン・テストドライバー。（2006年8月刊）

日ごろあまり表舞台に登場しないテストドライバー。その知られざるお仕事の内容と内面を克明にまとめた一冊である。

ひとつの項目を見開き計4ページ。それが38個、トータル152ページでまとめている。いわば読み切りコラムを38個集めたページの構成である。編集者（横田晃さん）が悩んだすえの誌面構成であることがうかがえる。文章もよく手が入った感じで読みやすい。通常の本は、4つ5つの章を立てての構成だが、あえてパラレルにぶつ切りにすることで、この特殊な仕事の隅々まで光をあてたい、そんな意気込みが感じられる。だから読後感は悪くなかった。

自動車メーカーのテストドライバーは、新車の試乗会でもあまり見かけない。と思いきや、実は、我々ジャーナリストが無茶をして壊したクルマの修理（というか主にブレーキパッドの交換が多いが）。これをバックヤードで担っているのもテストドライバーであることを、この本で知った。

試乗会でジャーナリストに説明する役目は、ほぼ主査やエンジニアたちだ。

ところが、わずかだが例外もある。スバルの試乗会では、実験屋と呼ばれるテストドライバーに話をよく伺ったものだ。エンジニアよりはるかにハンドルを握る時間が長い彼ら。クルマの挙動を説明するコトバの端々には、常に目から、うろこがボロボロ落ちる感じ。理論だけでなく、日ごろ仕事で身に付けたリアルな世界がにじみ出る。

テストドライバーの仕事を一言でいえば「クルマの味付け」をおこなう仕事請負人である。つまり、意のままに扱える気持ちのいいクルマに近づけるかが、おもな仕事。高性能なだけでは、いいクルマにはならない。最高速や加速性能、ハンドリングなどなど数値的には目標を達成しているクルマでも、必ずしも「気持ちのいいクルマ」とはならない。

数値はＯＫでも、官能評価ではＮＧというケース。乗っていて気持ちのいいクルマとは、〝過渡特性の優れたクルマ〟だというのだ。過渡特性とは、ピークにいくまでのプロセスを指す。

分かりやすい例でいえば、一昔前の過給機。アクセル踏んで一呼吸おいてターボの強い加速が始まる〝ドッカンターボ〟を思い出してもらえばいい。いきなりパワーが出るようでは、気持ちよさとは逆行だ。リニアにパワーが出るほうがずっと気持ちがいいよね。過渡特性のスムーズさの重要性はエンジンだけでなく、ステアリングやサスペンションにも同じこと。ベテランのテストドライバーは、高い経験値と積み重ねてきたデータをもとに、こうした「気持ちよさへの味付け」をしていくのが仕事なのである。まさに職人のスキル！

筆者の三好俊英氏は、１９４９年生まれで、１９７１年に日産に入社。スカイラインやローレル、それにＦＦ車の開発の黎明期からテストドライバーの仕事に携わってきた超ベテラン。日産が欧州車を越える操安性を目標にしていた黄金期を知る人物だ。この本は、２００６年のデビューだから、奇しくもカルロス・ゴーンが〝セブンイレブン〟という異名を

冠されるほど猛烈に仕事をしていたころでもある。

読みやすさ　★★★★　知識増強　★★★
物語の楽しさ★★★　新ネタの発見★★★★
残念なポイント「どこか奥歯にものが挟まっている感じで、本音を聞き出していない」

★ケイティ・アルヴォード著『クルマよ、お世話になりました』（白水社／堀添由紀訳）
―クルマとの「離婚」を強力に勧める逆説本。（2013年11月刊）

どちらかというと《クルマ礼賛》を信条とする本書からいえば、こうしたクルマ否定論の本を取り上げるのはどうかと思う読者もいるだろう。

クルマが大好きな読者のなかには、思わず耳をふさぎたくなる箇所が少なくない。でも、世の中は多様な価値を認めてこそ健全だ。そこで、薄目を開けながらこの本を読んでみた。

約300ページにわたる単行本の大半は、〝クルマという機械〟の悪口が、これでもかこれでもかと礫《つぶて》のようにつづられる。

曰く、クルマは深刻な環境問題を引き起こしている！　曰く、クルマは金食い虫だ。曰く、クルマに恋すると身体を動かさないので不健康に結びつく。曰く、クルマ社会はユーザーへのコストだけではなく社会的なコストがかかりすぎている。曰く、クルマがなければ交通事故の大半はなくなり、道路がいまほどクルマに占領されることが少なくなりより暮らしやすい世の中になる。

その主張は逐一もっともである。筆者アルヴァードさん自身（カルフォルニア生まれでミシガン州に住む市民活動家でもある女性）が1992年までクルマの恩恵にあずかってきただけに、単なるクルマ嫌いのヒステリックな論調ではなく、事実を淡々と積み上げていく。それだけにページをめくるたびに、胸にぐさりと突き刺さり、憂鬱になる。

ページを繰るたびに「それでも、クルマは人間に移動の自由を与えてきているし、いまもその役割が小さくない。それに交通事故死も安全装備の進化で劇的に少なくなっている」そんなふうに心のなかで反論するも、筆者の正論にいつしか土俵際に追い詰められている自分に気付く！　そして最後に、筆者は、「クルマの運転と喫煙は驚くほど似ているのよ！　悪いとわかっていても、断念するように言われても、やめられないものなのよ。だからクルマの支配から解放されると素晴らしい世界が待っている」と。さらに、歩くことの素晴らしさや自転車を使っての移動がクルマ以上に気持ちのいい時間をもたらすことを説きまくる。それでも、雨の日、嵐の日でも車は快適に移動できるし、公共交通機関は当てにできないのでは！　と反論したくもなるが……。

この本は、いま置かれているクルマとの関係を冷徹に見直し、できればクルマと離婚（原題がDivorce your car!）を強力に勧める。ある日突然クルマをやめるのは麻薬をやめるに等しくストレスがでかすぎる！「カーフリー」つまりクルマと完全に離婚するのでなければ「カーライト」。つまり愛車の使用をできるだけ減らし、徒歩や自転車での移動を心掛ける。そのことで世の中はずいぶん良い方向にいくに違いない……そう訴える。

なんとはなくクルマと付き合ってきたのだが、この本を読むことで、逆にクルマの魅力を再認識でき、クルマとの距離感が鮮明になってきた。

読みやすさ　★★　知識増強　★★★
物語の楽しさ　★★　新ネタの発見　★★★
残念なポイント「クルマに代わる乗り物時代の青写真がいまひとつ描かれていない」

★佐野裕二著『自転車の文化史』（中公文庫）

――一度この本を手に取り自転車の過去を振り返ってみるのも悪くない。（1988年1月刊）

自動車以上に〝日用品〟となっている自転車の興味深い歴史をコンパクトにまとめた文庫本である。

じつはイマドキの自転車は、知る人ぞ知る高級自転車を含めほとんどが台湾製である。安い実用車（シティバイシクル）なら中国製というのが相場だ。

この本は、昭和62年（１９８７年）に出たものなので、最近のこうした自転車の動向こそ知る由もない。いまはエコロジカルの代表選手ともてはやされている自転車は、当時つまり高度成長経済まっただなかの昭和後期には、〝駅前公害〟と汚名をきせられていた。どこの駅前にも、自転車置き場からはみ出た自転車がまるでスクラップのように山積みされていた、そんな時代。

大正7年生まれの筆者は、フランス語が達者だったことから戦時中インドネシア戦線（仏印戦線）の宣伝部で通訳を担当。戦後は時事通信社の記者だった。だからか癖のない、こなれた文章で自転車の誕生から面白エピソードまでをつづる。

面白いことに昭和59年に赤坂にあった「自転車文化センター」で、〝明治期の自転車特別展〟を催した、とある。歴史を振り返る展示物が必要だから、全国の博物館や自転車コレクターに問い合わせたところ、存在しないと思われていた明治初期につくられた木製の自転車が20台も集まったという。ミショー型とかオーディナリー型と呼ばれる前輪にクランクペダルを取り付けた前輪駆動タイプ（とくにオーディナリー型は前輪が巨大タイプだ）。もともと輸入製品で日本に入ってきたこれらの旧式の自転車。俄然興味を引くのは残存していたのが、これらをコピーした国産製だけだった。

自転車は、木製からあっという間に鉄製に進化する。じつはその作り手が、堺などで江戸末期まで活躍していた鉄砲鍛冶職人だった。失職した鉄砲鍛冶が、サドルを支えるシートポスト、ハンドルとフレームをつなぐハンドルポスト、前輪のキャスター角を確保するため若干円弧状に加工されるフロントフォーク。こうした部品や補修部品の需要もあり、火造り技術（鍛造技術やロウ付け技術）が要求されたのだ。鍬や鋤をつくるいわゆる〝野鍛冶《のかじ》〟の仕事よりもずっとやりがいもあり、利益も上がった。価格も下がり、金持ちの道楽だった乗り物が当時の若者・商店の店員たちの移動手段に化けていく。こうした知られざる埋もれた自転車の歴史が語られる。

不思議に思うかもしれないが、日本における自転車の歴史は、その後、時間差で現れる自動車の歴史をなぞる。海外から流入→国内生産→海外へ輸出という流れ。「日本の自転車は長いあいだ前輪のスポーク数が32本で後輪が40本と決まっていた」という。欧米の自転車は前後ともに36本だったのに。「これは、日本では荷台に重い荷物を積むことが多かったからだ」。自転車の速度は、人の歩く4倍以上の15〜20km/h。一度に運ぶ荷物は100kg近くにも。ということは自転車は、トラックが登場する前までは産業や人々の暮らしを支える革命的な移動手段だったのだ。

ちなみにアメリカでの自転車の歴史はもっとぶっ飛ぶ。自転車がいきなり飛行機へとシフトしたのだから。1903年、ノースカロライナ州のキティフォークでのライト兄弟初飛行。このライト兄弟、もともと10年前から自転車の製造と販売を手掛けていた個人商店（みたいなもの）。それがいきなり、宮沢賢治的発想で、「空を飛んでみたい！」という一心で飛行機を作り人類初めて空を飛んだのだ。だから初めの飛行機は間違いなく、〝空とぶエンジン付き自転車〟と言えなくもない。

いまアシスト量2倍で、ぐんぐん楽に坂道を上ることができるe-Bikeが世界的に大流行の兆しだ。自転車のメンテ本やアルバムは世に溢れ気

味だが、こうした文化面にスポットをあてた自転車の本は大切にされるべきだ。

読みやすさ ★★★★ 知識増強 ★★★
物語の楽しさ ★★★ 新ネタの発見 ★★★
残念なポイント「情報が古すぎる。最新のe-BIKEを含めたこうした本が望まれる」

★清水草一著『フェラーリさまには練馬ナンバーがよく似合う』（講談社）
――お気楽な気分になれる90年代のエッセイ集。（1996年7月刊）

フェラーリは、もちろんイタリアのスーパーカーだ。そのフェラーリに日本の練馬ナンバーを付けて、日本の道路を走る！　これを聞いて「別にいいんじゃない！」というか「そうね、冷静に考えればフェラーリに日本の土着的匂いのする練馬ナンバーを付けるってダサいかも？」と思う人もいる。

そう考えると、この一見ふざけたタイトルも、深い意味を感じ取れてくる。

ふだんラーメンをすすりながらお金をためてスーパーカーのオーナーになるエンスー（エンスージアスト：趣味人）がいるとは聞いていたが、それに近い人なのかと思いきや、1962年生まれの著者は比較的恵まれたメディア関係者である。

「週刊プレイボーイ」のクルマ担当編集記者になったことから、この本の筆者はフェラーリのハンドルを握る。怒涛の咆哮の排気音がまとわりつく！　その時いきなりクルマの神様が降臨し、フェラーリのオーナーへの道を決意。４年後諸経費込みで１１６３万円強の費用で１９９０年式フェラーリ３４８ｔｂ（V型8気筒３４００cc）を手に入れる。ある意味人生はマンガチックなのかも!?

これで彼のカーライフは、極楽浄土、天国の楽園！　と思いきや、いざオーナーになって冷静にフェラーリを味わってみると、誇るべき点とそうでない面を突きつけられることに。

フェラーリを持つことがゲージッそのものなのだ！　と至福の思いに浸るも、冷静に弱点にも目を向ける（向けざるを得ない？）。まっすぐ走ってくれないし、少し気合を入れてコーナリングすると横に飛びそうになるし、ブレーキも動力性にそぐわず、なんだか甘い。早い話、クルマの3大基本性能である《走る・曲がる・止まる》、そのバランスがあんまりよくないのだ。

それだけではない！　金食い虫の高級車（あるいは当時のイタ車）は難儀だ。タイミングベルトを2年または走行2万キロで交換というオキテがあった。ふつうのクルマなら10万キロまでＯＫなのだが……。手抜きすると、最悪ベルトが切れてエンジンがオシャカになり、目の玉が飛び出るほど大出費必至と脅かされ、泣く泣くベルト交換。ところが、エンジンが運転席の背後に付いている、いわゆるミドシップ。だからふつうなら数万円で済むところ、エンジンを降ろしての作業工賃がともない、けっきょくベルト交換だけで17万円!!

それだけではなかった。2年ほどで、エンジンからのオイル漏れ、高速でハンドルがふらふらするとか、フル制動でハンドルがガクガクするなど……の不具合の兆候が出て、けっきょくホイールアライメントの調整、ダンパーとスプリングの交換、スタビライザーのブッシュ交換などなど、総額71万円の大出費。

ここまで保守点検したにもかかわらず、スーパーカーは、油断できない！　遠出した時、いきなりエンジン不調に見舞われる。8気筒のうち4気筒が死んだ感じで、こうなるとスーパーカーもただの鉄の塊。ディーラーのアドバイスでＥＣＵ（エンジンコンピューター）のヒューズの差替えをしたところ、ウソみたいに直ったという。排気温度上昇で、ＥＣＵが自動停止したことが原因か?!　日本の夏はイタリアの夏より暑くて湿気が多いことが原因か？　そんなフェラーリ都市伝説が付きまとう輸入車特有の悩みがボコボコ現れる。スーパーカーを所有することなど端《はな》から考えたこともない、普通の読者は、ここで大きく留飲を下げる。そして、丈夫で長持ちする日本車オーナーの自分を慰める!?

フェラーリオーナーの無尽蔵のトラブル体験と嘆き節がどこまでも続くと思いきや、このエッセイ本、途中から大きくスライス！　フェラーリの母国イタリア旅行のドタバタや路線バスや鉄道輸送の超まじめな考察、市販車での草レースの自慢話などが展開される。内田百閒先生をホーフツしないでもない、いわば優雅なモータージャーナリストの〝安房列車〟といったところ。強烈なメッセージこそないが、ひとつの好奇心を満たしてくれる一冊だ。

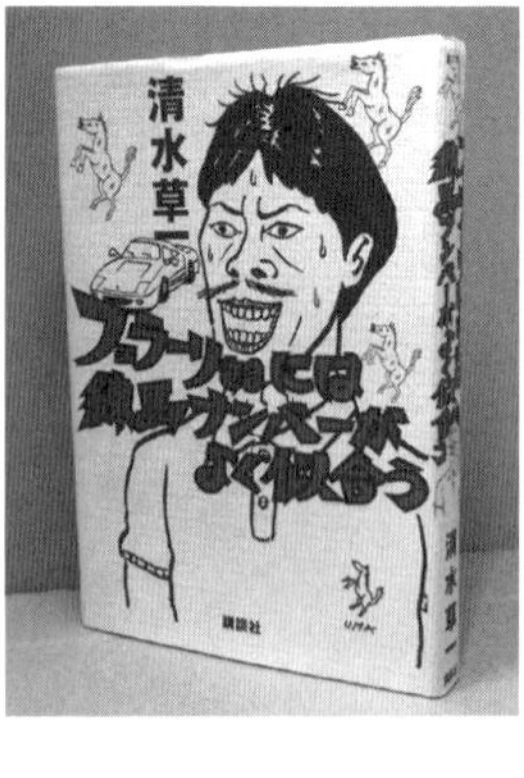

読みやすさ　★★★★　知識増強　★★★
物語の楽しさ　★★★★　新ネタの発見　★★★★
残念なポイント「期待しなかっただけに、残念なところは見つからず」

★堀田典裕著『自動車と建築ーモータリゼーション時代の環境デザイン』（河出書房社）

ー80年前にあった日本版アウトバーン「弾丸道路」計画。（2011年4月刊）

ふだん何となくクルマのハンドルを握っていても、気づいていないことがたくさんある。そのことにおおいに気づかされてくれるのが、この『自動車と建築』という風変わりな名称の本だ。内容もさることながら、正直あまりこなれていない文章で、つい放り投げたくなった。でも辛抱強く読み進めると、意外な発見が散りばめられていた。

たとえば、のちにモータースポーツの推進に貢献することになるドイツのアウトバーン。そもそもヒトラーが１９３３年、60万人規模の失業者対策として、かつドイツ帝国の兵站を支える道路の位置づけで建設され、速度無制限道路といういわば究極の舞台をつくることで、その後のドイツのクルマ産業を支えた。ここまではよく知られているが……。

この本によると、日本版アウトバーン計画なるものが「弾丸道路」という名称で戦前の日本にもあったという。わが国初の高速道路計画は、神武天皇からカウントしてちょうど２６００年（皇紀２６００年）にあたる昭和15年（西暦１９４０年）に鉄道省によって発表された東京・下関間新幹線建設と同じ年に新聞紙上をにぎわしたというのだ。当時の内務省の若手技師たちが、交通情勢や都市人口、工場地帯での生産量、自動車保有台数、港湾施設などを勘案し、ドイツのアウトバーンの向こうを張って「弾丸道路」計画を検討したという。つまりいまから80年も前に新幹線とパラレルに超弩級のハイウェイ計画が日本で存在した。

ところが名古屋・神戸間の実地計画まで行われたものの、約2億円（現在の価格で5兆３００億円）という建設費が認められずあえなくポシャッた。どうも戦争遂行のための国民向けアドバルーンだったかもしれない。この本にはこういった知られざる歴史がボロボロでてくる。

自動車専用道路計画は、なにも国がおこなった東名高速や中央高速ばかりではなく、民間のチカラでの道路づくりもあった。伊豆にある小刻みな有料道路や芦ノ湖スカイラインや箱根ターンパイクなど観光道路が思い浮かぶ。それだけではない。終戦直後の昭和20年代末頃には、渋谷から江の島までを結ぶ「東急ターンパイク」計画まであったというからすごい。ＰＩＫＥとは17世紀英国でできた道路所有者がつくる有料道路のことだが、１９５４年に東急電鉄の臨時建設部が渋谷駅を起点にして、二子玉川、戸塚、大船を経由して江ノ島にいたる約48㎞結ぶ有料道路の計画が持ち上がった。これも東名と第3京浜の完成で、実現には至らなかったが、これこそが小田原から箱根までの現在の箱根ターンパイクとしていまに残っているというのだ。

高速道路で一休みするサービスエリアについても、この本はうんちくを傾ける。たとえば、東名の「足柄サービスエリア」は、京都大学工学部建築科を卒業した黒川紀章が、30歳のときに設計したもので、敷地周辺の樹木により外からは認めづらい空間にサービスエリアを構築したというのだ。断絶されたカーパーキングの世界。同じ東名でも富士川サービスエリアは、ガラリ異なる。経済学者清家篤の父清家清が設計したもので、富士川を眼下にして富士山と駿河湾を眺望するデザインとしている。

このように、各サービスエリアは、個人デザイナーの手にゆだねられたというのだ。今日の街のデザインがよく金太郎飴にたとえられるが、道路施設は意外と個性が尊重されているというのだ。

幹線道路沿いのたとえばガソリンスタンドや、商業施設が、なにやらてんでんばらばらのデザインなのは、こうした流れと共通しているのかもしれない。この本は、建築のデザインの門外漢にもわかりやすい筆致で少し前の自動車道路をとりまく無味乾燥と思いがちな建設に色合いを与える。クルマが走る道路へのまなざしを一変させる一冊だ。

読みやすさ ★★　知識増強 ★★★★★
物語の楽しさ ★　新ネタの発見 ★★★★
残念なポイント「モノづくりの苦心や葛藤があまり描かれていない」

★磐埼浩貞著『ドライブすればイギリスの素顔が見える』（亜紀書房）

―イギリスのカントリーサイドの魅力。（2004年6月刊）

アメリカ合衆国をクルマで旅してリアルな情報を届けてくれたのは、歴史学者の猿谷要（1923～2011年）さん。かなり古い情報だけど、いまでも役に立つ。ところが、英国をクルマで回ってリポートした日本の知識人は、絶えて久しくいなかった、と思う。

この本は、そんな文化の穴埋めにチャレンジした意欲作。

筆者は、英語教育学や辞書額、コーパス言語学の先生で、現在筑波大学の先生。90年代に英国バーミング大学で研究員をするなど英国とのかかわりが深い。とはいえ、若いころの筆者は、外国といえばアメリカで、英国など眼中になかったという。イギリス英語なんぞ聞くと耳が腐る、なんて考えていたという。それが、30歳過ぎて、イギリスが気になり始めた。英国留学のせいもあるが、古城マニアになったというのだ。

英国には、古城やマナー（MANOR）ハウスと呼ばれる荘園領主の大邸宅が数多く残っていて、英国のランドスケープを形づくっている。

筆者が英国を何度も何度もドライブしてわかったことは、イギリスのカントリーサイドの魅力だ。カントリーサイドというと、日本語では田舎のことだが、日本の田舎とはまったく異なるという。カントリーサイドの素晴らしさは、緑の丘陵地に加え、点在するマナーハウス、中世から変わらぬ町なみ、こうしたものを総合した心地良さと美しさだという。英国人もこのカントリーサイドが大好きなのだ。カントリーサイドのすばらしさを知ると、ロンドンは単なるショーウインドウに過ぎなくなると筆者は説く。

ともすればこうした美しい風景は、開発という名のもとに、はかなく消えていくことが珍しくない。この本にはそのことはあまり詳しく書いてはいないのだが、じつはナショナル・トラスト運動、自然保護運動が大きく支えているのである。

市民たちが自分たちのお金で身近な自然や歴史的な維持すべき環境を買い取って守ることで、次世代によきものを残すという運動。いまから140年ほど前の1895年、奇しくも産業革命の末に英国で3人の市民の手で始まった。いまやイギリスの国土の1％にあたる面積がこのナショナル・トラスト運動で、守られているという。

第1章と第2章で、英国をクルマで楽しくドライブするためのノウハウが整理して書かれている。レンタカーの借り方、ガソリンスタンドでの燃料の入れ方、それに道路の走り方だ。英国は日本同様クルマが左側通行なので、比較的走り良い。ところが、英国得意な道路状況がある。ラウンドアバウトと呼ばれる信号のない、円を描くように走る交差点である。右からくるクルマが優先だ。

左折時は、左にウインカーをして左側をひたすら走る。これは問題ないが、右折の時だ。半円を描きながら右側によっていく。このラウンドアバウトは、右走行のフランスなどにもあるが、少し練習しないとなかなか難しい。

イギリスにはグルメを満足させる食べ物はないとする説がもっぱらだが、筆者は、そうではないと力説する。フランス料理のような絶妙なスパイスを活用する料理ではなく、素材をしっかり味わう料理が英国料理の醍醐味だというのだ。たとえば日本人にはなんだかパサパサしているスコーンは、たっぷりのクリームとジャムをつけて頂く。ジャムの甘みをクリームで中和して、そこに少し塩味が効いたスコーンがハーモニーを奏でるというのだ。

遠い日本ではわかりづらいが、UKがイングランド、ウエールズ、アイルランド、スコットランドで構成されている背景がこの本で少しリアルになった。ロンドンしか知らない書評子には、この本を読んでいる途中、本を放り出し何度も飛行機に飛び乗りたくなった。

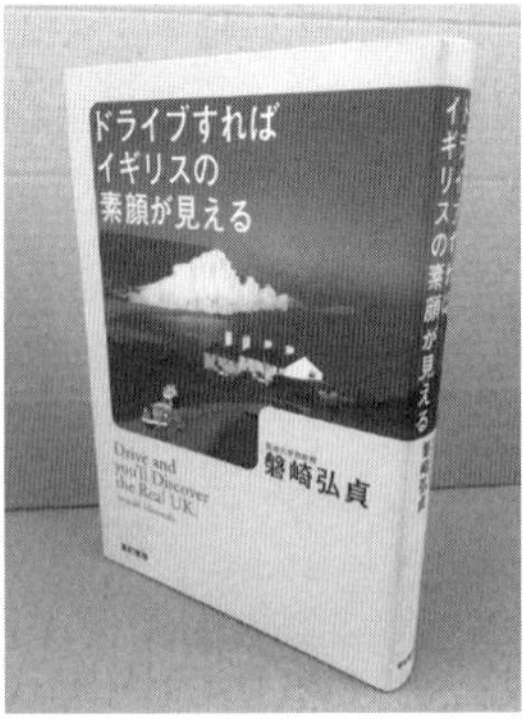

読みやすさ　★★★　知識増強　★★★
物語の楽しさ　★★★　新ネタの発見　★★★★
残念なポイント「ロケーションを読者に知らせるわかりやすい地図を掲載すべきだった。編集者の怠慢だ。末尾の横組み〝ドライブと英語〟は、ページが行きつ戻りつして奇妙」

★松本葉著『愛しのティーナ イタリア式自動車生活』(新潮文庫)

――東京のＯＬがイタリアに移住しエッセイストとなる。(1997年11月刊／単行本は1992年10月)

街に出るとたまに知らない人から、いきなり何かを頼まれることがある。先日も、昼下がりのガラ空きの普通電車に乗っていたら、くたびれた感じのおじさんがいきなりペットボトルを目の前に突き出してきた。これは蓋を開けてほしいんだと、判断し素早く蓋をひねって、返してあげた。お礼も何もなく、おじさんは隣の車両に移動していき、車内は何事もなかったように元に戻った。

この本の筆者はもっと高頻度で知らない人に話しかけられるタチらしい。時間や道を尋ねられることもある。停留所でバスを待っていれば、どのくらい待っているのかと、どこそこは通るのか。歯医者の待合室では、何時に予約したのか、先生の腕はたしかか、看護婦さんは親切か……などなど。

そんな女性が、大学を卒業後しばらく東京のクルマの雑誌社にお勤めのあと、いきなりイタリアに移住し、ひとり暮らしを始める。もちろん、イタリアの車を通して、イタリアに強く興味をいだいてのことである。

東京のＯＬがイタリアに拠点を移し、エッセイストとなるプロセスを書き連ね、イタリアでの暮らしを小説の手法を借りて描く。文筆の才能の可能性を事も無げに広げ、著者独自の世界観が展開される。

でも……筆者は、ふとなぜ自分はイタリアに来ているのか？　胸に手を当てて考えても、明確な答えが出てこない。自由を求めるために来たとはいえ、そもそもイタリアは、日本以上に家族主義がはびこる保守的な世界でもある。芸術やスポーツカーのフェラーリからイメージするアバンギャルド（前衛）的な気概は、イタリアの社会全体からは汲み取れない。むしろ、イタリアの気風はひとことでいえば〝賢いのか、バカなのかわからない〟ところがある。「きわめて保守的なくせに、ぶっ飛んだところのある」そんな矛盾を抱え込んだ社会？　とんでもない金持ちが暮らしている一方で、果てしもないほどの貧乏な人がいて、その貧乏な人も結構幸せに暮らしている国……。フェラーリとフィアット５００が同じ道を走っている国。

それにしても、タイトルの「愛しのティーナ」はどこに出てくるのか？

読み進めると、最後の最後に出てきた。著者は北部にある工業都市ミラノに住んでいるのだが、ようやく1台のクルマを手に入れる。25万円ほどでゲットした例のフィアット５００（72年型）の中古車。通称チンクエチェントだ。チンクエチェントといっても、故障頻度がドイツ車並みになった最新モデルではない。１９５７年にデビューし約20年間販売し続けたイタリア人には見飽きたクルマ。イタリアの風景に溶け込みすぎた感のあるチンクエチェントはＲＲ方式で、エンジンは空冷直列2気筒ＯＨＶ。最高速95㎞／ｈ。分かりやすく言えばトヨタの初代パブリカに近いアフォーダブルカー。

この愛車のニックネームが、ティーナなのである。チンクエチェントの女性名詞系の「チィンクエチェンティーナ」。これでは長すぎるので語尾の「ティーナ」としたのだ。

この中古の５００、いきなり〝ポトリ事件〟が頻発する。ドアの内側の取っ手がポトリと落ちたり、サンルーフの取っ手もポロリ、ステアリングの真ん中にあるＦＩＡＴのロゴ入りホーンボタンも、はたまたサイドミラーもポロリと落下。ポンコツ車の補修は、解体屋さんで部品を見つける。この原理原則は、どこの国でも共通。筆者も解体屋さんに走り、大半は無事解決。

次に出くわしたのが、いきなりギアが入らなくなり、ごそごそやるも走れない。クラッチの保持ステーのボルトが衰損したという。さらには、ボディのあちこちにクラックが。そこで、一大決心で、ボディの全塗装と、寿命がき始めたフェンダー、左右のドア、フロントパネル、メーター、バンパー、ライトなどなどを新品部品に交換したという。これって、ほぼリストアじゃない？

さらにクリスマスの当日、エンジン不調。2気筒のうち1気筒が死んだのだ。エンジンが顧みられなかった報い？　1気筒で走るということはどうなるのか？　時速5キロでしか走れなくなったという。歩くほどの速度で、よたよたと15キロを2時間かけて帰宅。原因は、スパークプラグの死。

書評子も、同じような経験がある。半世紀ほど前、１９７５年式スターレットＫＰ47（4気筒ＯＨＶエンジン）で環状7号線を走っていた時、板橋陸橋を越えたところで1気筒死んだ3気筒になった。なぜ分かったというと、思い当たる節があったから。

エンジンオイルを入れすぎ、アルミ製のプラグの座金からオイルがにじみ（このエンジンの弱点だった！）プラグにかぶる恐れにうすうす気付いていたから。すかさずトランクから新品のスパークプラグを取り出し、プラグレンチで素早く路上修理をおこない、事なきを得ている。

イタリア式クルマ生活とは、ひとつには、いつ故障してもおかしくないポンコツに近いクルマ、つまりトラブル頻度ハイレベル車両！　を愛車にして、日々戦々恐々、トラブルに身構え、緊張するカーライフ。い

つしかそれが狎れっこになること？　かなりのM的要素が必要なのである？

読みやすさ　★★★★	知識増強　★★
物語の楽しさ　★★★★	新ネタの発見　★★
残念なポイント「特になし」	

★杉田聡著『クルマを捨てて歩く！』（講談社プラスアルファ新書）

―タイトル通りの〝筋金入りのアンチ・クルマ派〟を主張する本。（2001年8月刊）

この手の本によくある「クルマはお金を使いすぎる」「クルマを捨て自分の身体を使って移動すると健康になれる」「クルマは地球環境を汚している一方だ」そんなメッセージで埋め尽くされていると思いきや、筆者の足元にある生活実態から話を進めているところに好感が持てる。

そもそも筆者は、北海道、それも帯広という都会ではない地域で30年間にわたりクルマのない生活を実践しているという。自宅から勤務先の大学へは約25分の道のりで歩く。週2回の生活物資の買い出しにはリュックを背負い、大型スーパーに往復3キロの道のりをやはり歩く。公共交通の便はあまりよくない北海道では通常クルマ社会が徹底しているが、この先生はまるで時代に逆行している感じ!?

帯広は冬場には比較的雪の少ない地域だが、それでも零下10度以下になることが珍しくない。そこを楽しんで歩くのだという。難行苦行にしか見えない状況でも筆者に言わせると、やってみると快適なことが少なくないという。驚くべきことに、歩きながら、本を読んだり、歩きながら原稿を書いたり、語学の勉強までしてしまうという。二宮尊徳も真っ青な奇跡の人だ。

でも読み進めてみると、徐々に理解が深まる。大学で哲学を教えている先生だけに、いろいろな引出しを持っていて、読者を自分の土俵に乗せてしまう。

かつてよく言われた《クルマは走る凶器》という言葉。

物理の授業で習ったけれど、エネルギーは、そのモノが持つ質量（重さ）に速度の2乗をかけたもの。重さが重いほど、速度が大きいほど2乗でエネルギー、つまり破壊する力はデカくなる理屈だ。たとえば小学1年生は体重が20kgとする。クルマの安全速度といわれる時速40キロで走る1・2トンの乗用車が持つエネルギーは、この小学生が持つエネルギーの約1万6０００倍の計算だという。つまり、1万6０００人の同級生が一度にぶつかってくる理屈だ。

逆に、では小学1年生の子供とぶつかっても大丈夫、つまり小学生を傷つけない速度はどのくらいかというと、わずか時速258m、つまり時速0・258km……停まっているほどのゆっくりした速度でないと、安全ではないという。だから、保育園お送り迎えに父兄がクルマを使うのは、逆に幼児を危険にさらす機会を増やすことになるという。言われてみればその通りだ。

道で人とクルマが出会うとき、生殺与奪の権を握っているのはクルマ。人はクルマを殺せないが、クルマは人を殺せる。ところが、運転免許を持っているドライバーは、必ずしも運転のプロとは言えない。このに大きな矛盾がある、と筆者は主張する。「医師の国家資格ほどの難しさを運転するドライバーに課すべきだ」と。クルマはかつて《文明の機器》ともいわれたが、こうなるとその言葉にも疑問をいだく。

免罪符を求めるわけではないが、じつは書評子はここ３年前から、もっぱら自転車（クロスバイク）を生活の移動手段としてきた。たとえ雨の日でもカッパをまとい走っている。クルマ生活一辺倒時代に考えていた以上に、自転車のある暮らしは身軽で快適だ。

８キロ離れた映画館や２キロの距離にあるスーパー、それに図書館にもペダルを漕ぐ毎日。気が向けば隣の町のおいしいラーメン屋さんまで苦も無く出掛ける。すでに３年間で後付けデジタルメーターによると累計２５００㎞だから平均年８００㎞走破している。クルマの年間走行キロ数を脅かす存在だ。

自転車に乗ると、同じ道路を走るクルマの振る舞いや存在自体の横暴さに気付かされる。

クルマだけを使っているドライバーには、まったく見えない世界。見えないドライバーのもうひとつの世界が、リアルに見える。クルマの社会的責任の重さにおおいに気付かされる一冊だ。

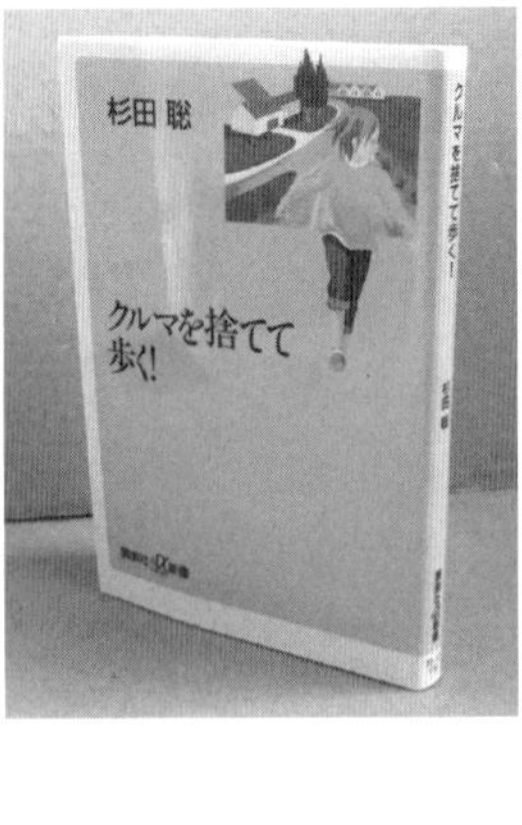

読みやすさ　★★★　知識増強　★★
物語の楽しさ　★★　新ネタの発見　★★★
残念なポイント「20数年前なのでクルマの安全性、とくにアクティブセーフティについての情報、対歩行者安全装置の進化具合がない」

★串田正明著『いつまでも自動車少年』（文芸社）

―カーディーラー勤務になったかつての自動車少年のつぶやき。（2003年8月刊）

タイトルから想像して……《無邪気にクルマへの愛を語りつくす超マニアックな一冊》と思って、ページをめくり始めた。たしかに、筆者はクルマが大好きになったキッカケが1964年（昭和39年）の生まれなのでスーパーカー世代。ところが、愛知県の有数な繊維問屋街に子供時代を過ごした。筆者が喫茶店に気楽に入る習慣があるくだりがあるところから類推して一宮あたり？

そこで頻繁に動き回る〝働くクルマ〟におおいに魅力をいだいたという。三菱デリカやホンダの軽トラック・アクティに惹かれたというのだ。

さらに、ハラーズコレクションが日本にやってきた際、父親に連れられ、見学していてクルマの世界の関心が一気に広がったようだ。そこからはよくある自動車少年の行動パターンを展開。カタログを集めまくり、販売店に足を運びリアルにクルマを眺め、ときには運転席に座らせてもらうなどの体験で「クルマを楽しむ術」をひろげていく。

まわりのことなどお構いなしに、自己の趣味を万能とする自己増殖意識の肥大化というわけではない。クルマの本質をキチンと言葉に表現して読者に伝える。つまり、クルマを操る危険性をこんなふうに語る。「クルマは気持ちがいい、という理由は、自然界には存在しない完成を伴う危険物だから。これは、クルマがもっている特性というか宿命。だから〝運転免許〟は〝危険物取扱免許〟と言い換えたほうがいいくらい。つねにそういう認識を忘れずにクルマに乗るべきだ」と説く。

奥付のプロフィールを見ると「愛知県生まれ。武蔵美術大学卒業。自動車ディーラーに勤務。埼玉県狭山市在住」と40字足らずのわずかな情報しかない。

「クルマは結局、単なるゴミになる、ということ。クルマは何人ものオーナーに乗り継がれるとしても結局ゴミとして扱われる。人間がクルマを買うということは、それだけ捨てられている。だから、(自動車メーカーの組み立て)ラインでつくり続けても飽和状態にならない。極言すれば自動車メーカーはゴミを増やしている。ゴミをつくっている。もともと工業はそういう面をもっているのである。だからこそ、メーカーは真剣に少しでも長く愛される製品をつくるべきだ。ユーザーも、本気に気に入ったクルマを長く乗るしかない」

230ページほどでやさしい語り口の本。数時間で読めてしまう一冊だが、なかに16ページほどを割いてクルマの歴史を語るところがある。ふつうなら19世紀末のカール・ベンツとゴットリー・ダイムラーから始めるところ、18世紀中ごろのフランスの「キュニョーの砲車」（3輪蒸気機関車の試作車）から解きほぐしている。英国で19世紀後半に施行された赤旗法を紹介しているところもいい。クルマがやってくることを知らせるため旗を持った人間が前を走るという、いま考えると奇妙な法律。馬車関連業者の権益を守る法律だった。

先日、別件で19世紀初めに書かれたジェイン・オースティンの「ノーサンガー・アビー」（中野康司訳・ちくま文庫）を読んでいたら、当時すでにカーマニアのような馬車に熱狂する若者が物語のなかに登場しているのを知って「西ヨーロッパはすでに馬車の時代だった」ことをリアルに感じ、ひいては赤旗法の必然性に思い当たった。

クルマ大好き少年が、カーディーラーに勤めている立場で、部品供給についてのユニークで鋭い見解が飛び出す。小見出し《ユーザーを大切に》というところ。

「生産中止から7年経過すると部品の在庫をしない（書評子／必ずしもそうではなく10年というところもあるようだ）というメーカーがほとんど。そこで、メーカーはウソでもいいから〝一生部品には困らせません〟というメッセージを出していいのでは？　と提案する。実際一生同じクルマに乗り続ける人などほとんどいないのだから（嘘も方便？）」という、いわば与太話に近い説を展開する。そのあと、「輸入車などメーカー時代が突然消えてしまったケースに比べよほど良心的だ」というのだ。

そんな考えもあるんだ、というのが正直なところ。

この本の面白さは、ふつうの自動車ジャーナリストや評論家、あるいは自動車エンジニアなどいわゆる業界筋が手掛けた本と異なり、クルマが大好きだからこそいろいろ考えるところを正直に表現しているところ。そこに新鮮さが感じられ、好感が持てる。

> **読みやすさ　★★★★　知識増強　★★★**
> **物語の楽しさ★★★　新ネタの発見★★**
> **残念なポイント「第3章の〝忘れられないこの一台〟がただページを増やすために付け足した感がある。グイグイと迫ってこない。取材不足が透ける」**

★浮谷東次郎著『俺様の宝石さ』(ちくま文庫)

――伝説のレーサーの瑞しい青春日記。(1985年12月刊/単行本は1972年5月刊)

日本のモータースポーツ勃興期に華々しい活躍をしながらも、わずか23歳で亡くなった筆者は、あえて高校を中退し単身アメリカに2年半留学している。留学とはとりあえずの理由で、東海岸の高校に入学するも、西海岸のLA近くのカレッジに入るも、いずれも腰が落ち着かず辞めてしまう。彼の狙いは、アメリカで大いに学びおおいに遊び、自己を確立することだった。

実態は、アルバイトで日銭を稼いだり、ダンスパーティで青春を燃焼させたりしようとするが、青年期特有の不安と根拠のない自信で右往左往する。「だいたい俺がいけないのは、優等生になるんだとおもって2、3日たつと、うるせいやい、俺にはそんなのは向いていない、不良学生で結構だと変わる……俺はもう少ししっかりと足を地につけなきゃいかん」と反省。「それには勉強もしなくちゃ、本も読まなくては、と思うが……」でも、うまくゆかないもどかしさが募る。健康な青年が当然悩む、悲しいほどに女性と付き合いたい気持ちもダイレクトに日記に記している。

そうは言っても彼は、当時としてはすこぶる恵まれた境遇だった。

浮谷東次郎の出自はあまり触れられない。日記のなかでも本人がつい書き記しているのだが、自分のことを〝浮谷権兵衛第19代目〟と告白している。

浮谷家は、千葉の市川市に長く続く名家なのである。とくに東次郎のおじいさんにあたる第17代目浮谷権兵衛（1878～1950年）は、明治期の後期から昭和の初期の政治家・実業家で、千葉県で有数の多額納税者であり、市政施行の功労者だった。1915年生まれの母かずえは、福岡高女卒。母方のおじいさんは堀川達吉郎（1891～1966年）「がむしゃら1500キロ」で出てくる大阪に滞在中だった人物で、九州で無声映画時代の興業主で大儲けした実業家で、右翼の大物頭山満などと交流があった大アジア主義者。

ちなみに、父洸次郎（1909～1975年）は、専修大学卒業後ダットサン自動車トラック（のちの日産）に勤務し、父親の不動産を受け継ぎ、市川の屋敷は約1500坪の広大なものだった。東次郎の死後、敷地内にプロテスタントの教会を建てている。この本のなかに幾度ともなく出てくる「お姉ちゃま」こと姉・朝江は、東京芸大油絵科卒である。

東次郎のアメリカでの暮らしは、かなり破天荒なものである。バイクで大陸を旅しているとき、平気でガソリンスタンドの片隅や高速道路の下で野宿する。とくにお金がないからとか、お金を節約するためというだけではなかった。恵まれた子供時代を送った青年特有の後ろめたさへの贖罪に近い気持ちがあったようだ。宮沢賢治がそうであったように。

NYについてしばらくしたとき、姉あての手紙のなかで、東次郎はこんなことを記している。「夕やみ迫るロックフェラーのRCAビルの前、高級な野外スケートリンクに1人のがに股のへたくそな背の低い男が、腕をうんとまくり上げて、〝ちくしょう、ロックフェラーなんか〟と、たまらなくなる気持ちを押されて何度も何度も転びかけ、転び、また尻をでっぱらして立ち上がり、そこを出るときにはビッコをふらふらひかなくては歩けなくなるまで、休まず、うまく滑ろうと努力しながら、新しい清いファイトを、勇を、ふるいたたせた僕を理解し、認めてもらいたい。―マドンナの宝石ならず。俺様の宝石さ。」最後のくだりが本のタイトルのもとになっている。

注目なのが、東次郎の露骨なコンプレックスだ。明治34年の漱石が、ロンドンの街中で鏡に写る自分の姿だとは始め気付かず、背の低き妙な汚きやつ、と西洋人に比べ身体的なコンプレックスを露骨に日記のなかに描いている。なんだかこれと寸分の違いのない印象だ。

そもそも書簡集というのは、パーソナルなモノなので、書簡集をスイスイと楽しむ読者は、よほどその筆者の人となりを承知し、置かれていた立場をある程度理解しており、それ以上に筆者の内面に分け入りより深く理解したい読者でないと十分に味わえない。

好奇心が中途半端では、不案内な人名などが登場するたびに逆に疎外感を感じて、とても味わうところまでいかない恐れがある。このことを心得たうえで読む本だ。

ところで、東次郎の日記や書簡に、ときどき語尾が「ですぞ」と自信ありげに終わる癖がある。１９７０年代後半バイク雑誌やクルマ雑誌で、同じように「ですぞ」で終わる記事が見かけいささか違和感を覚えたものだが、たぶん東次郎の文体が露骨に影響していたに違いない。

読みやすさ ★★★　知識増強 ★★
物語の楽しさ ★★★★　新ネタの発見 ★★★
残念なポイント「BMW、CB77など容易に調べられる語彙に注釈があるが、そうでない固有名詞などにはまったく注釈がないのは編集者の不徳!?」

★宇沢弘文著『自動車の社会的費用』（岩波新書）
―ベストセラー兼ロングセラーの要素を持つ偉大な本。（1974年6月刊）

経済学の視点でクルマ社会を冷静にウォッチし、完膚なきまでに批判を加え、その後の自動車行政に大きな影響を与えたといわれる名著である。

〝資本主義と格闘した男〟といわれた筆者の宇沢弘文氏（1928～2014年）のこの新書は、日本の高度成長経済が絶頂期を迎え、庶民がこぞってマイカーを買い求めたタイミングの1974年に発売。不思議というか凄いことに、現在もこの本は、新刊として売れ続けている。つまりベストセラー兼ロングセラーの要素を持つ偉大な本なのだ。当時の価格が230円、約50年後のいま902円。

じつは、この本は、発売当時大きな話題になったこともあり、すぐ買い求めた。ところが、パラパラと読んではみたが、大半が経済学理論じみた専門用語が並ぶため、私の知性では飛ばし読みしかできなかった。

そこで、今回改めて読み始めたのだが、やはり経済学的論評の部分は飛ばし読みせざるを得なかった。トホホな話だが、知性は停滞したまま。

もちろんスイスイ読めるところもあった。序章のところから痛烈な批判が展開される。なかでも引き合いに出している、ウイーン生まれのバーナード・ルドフスキー（1905～1988年）の文章が衝撃的。ルドフスキーは、1950年代から80年代にかけてアメリカで活躍した建築家にしてエッセイスト。「(アメリカの) 歩道は一方を建物、もう一方を死の危険を伴う道路に挟まれた安全性の疑わしい地帯である。しかし、現代の都市住民はそれを当然と感じている。この狭い小道を通るのはまるで道の両側から拷問を受けているようなものであるのに、歩道といえばこれしか知らない彼らはそれを屈辱的とも感じないのだ」(『人間のための街路』1969年刊、翻訳は1973年・鹿島出版社)

歩道が歩道ともいえない、その横をぶんぶんトラックが走る光景。

千葉の郊外の道路が通学路になっていて、そこに酒気帯びトラックが突っ込み、多くの子供たちを死傷させた2021年6月の事故は、いまだ記憶に残る。高度成長期からはずいぶん道路事情は整備されてきたとはいえ50年たっても、交通弱者が、いまだに常に命の危険にさらされている現実の日本。

宇沢さんは「このように、個人が自由に安全に都市の街路を歩き、田舎の道を歩くことができないような国を、果たして文明国といってよいであろうか」と手厳しい。

たしかに交通事故死者数は、ピーク時の3万人台からいまや1万人以下となり、排ガス公害問題も、当時に比べたら劇的に改善された。ただ自動車がらみの犯罪数はというと、あまり変わらないのではないだろうか?

経済学の切り口で、自動車の社会的費用を計算すると1台あたり約200万円になるという。宇沢さんは、この負担を弱者であるクルマを利用しない人たちの肩に重くのしかかっていると指摘している。

この本を読んでいるあいだじゅう、時代劇に出てくる江戸時代の牢屋の光景を思い起こす。「石抱き」と呼ばれた拷問だ。牢屋で後ろ手に縛られ、算盤板と呼ばれる凸凹板に正座させられ、足のうえには重い石が数枚載せられたゴーモン。「でも今や1台のクルマを持つためには重量税、自賠責保険、自動車税、それにガソリンに含まれる揮発油税、それに2年ごとの車検費用…」と口のなかで、まるでお経のように唱えている……。曲がりなりにも自動車を飯の種にしてきたものとして、懺悔するしかない！

この本を手に入れた当初は、筆者の肩書に目がくらんで、遠くにしか捉えられなかった。でも、宇沢さんは趣味のジョギングで、大学の先生時代、自宅から大学まで短パンとランニングシャツを都内をかけていた。新幹線で遠出するときも車内で軽快な服装だったという。そんなエピソードの持ち主だと知ると、人生のベクトルこそ大違いだが、なんだか俄然身近に感じられる。

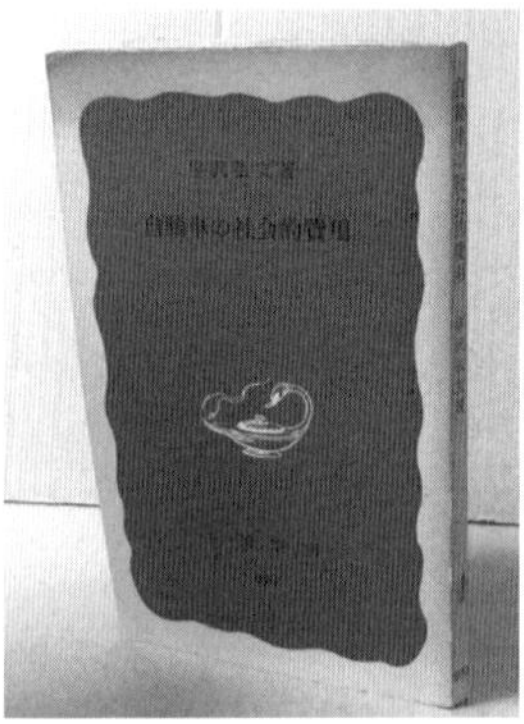

読みやすさ ★　知識増強 ★★★★
物語の楽しさ ★　新ネタの発見 ★★
残念なポイント「経済学での論理進行を、中学生にもわかる程度にやさしいコトバで展開してほしかった」

★本田宗一郎著「私の手が語る」（講談社文庫）
―底知れない魅力を秘めたおじさん！（1985年2月刊）

いわずと知れた本田技研の創業者・本田宗一郎氏のエッセイである。

ひとつのテーマをわずか3ページ前後で完結するごく短いエッセイ集だが、圧巻なのは本田さんの左手の手のひらのイラストである。「手は男の顔」といわんばかりに、過去45年以上の仕事をしてきた生々しい傷の詳細が一目で理解できるようになっている。右利きの本田さんは、左手で半製品や試作品、あるいは素材を持ち、ハンマーなどの道具を持った右手で叩くなどして加工を数限りなくおこなってきている。

その際に間違って、指を叩いたり、あるいは旋盤を使って加工中に鋭い刃を持つバイトという道具が手のひらを貫通したり、ときには狙いが狂いカッター（刃物）で指の先を削ってしまったり……。まるで歴戦の兵士が、その戦歴を物語るかのような傷が1ページ大に表現されているのである。いわく「（親指を差し）この爪は4回抜けた」とか「（薬指の第2関節を指して）機械と機械に挟まれ、ぺしゃんこになった」「（人差し指の根元を差して）太いキリがここから入りこのへんに突き抜けた」「満足なのは小指だけ。別に深い意味はないけど」と洒落のめすことも忘れない。……「このほかに、小さな傷は3倍ほどある。45年以上の昔の傷で、みんな私の宝だ」といかにも自らの手のひらの傷を眺め、いとおしそうだ。

いとおしそうというのは、正確ではないかも。自虐的要素と感じるかもしれないが、どこか自分のこれまでの人生を語るうえで、こうしたキズを誇らしく思っているところがしみじみと伝わる。

書評子がリアルな本田宗一郎氏を目撃したのは、たしか自動車雑誌の編集をやり始めて2年ほどたったころだった。1975年（昭和50年）の秋ごろではなかったか。そのころのホンダでは職場単位で自由に試作品を持ち寄り、評価するアイディアコンテストが恒例行事としてあった。そのときの会場は鈴鹿サーキット。2年前に営業と財政で手腕を振るった藤沢武夫氏ともども、第1線から退き最高顧問となった本田さんと藤沢さん。この2人が、にこにこ笑いながら、若い人たちのアイディア製品を眺めていた。そんなところを取材した覚えがある。

イベントの最後にあいさつに立った本田さんは、とにかく異例とも思える挨拶をしたものだ。通常のありふれたあいさつではなく、まるでアイドル歌手がコンサートを終え、ファンの前であらためて挨拶する感じ。会場を埋め尽くした数百人の社員は、「おやじ〜っ！」などと声をかけると本田さんは「おい〜っと！」とばかり、マイクを通して返す。一体感120％。挨拶の内容はまるで覚えてはいないが、そのときの本田さんのスピーチは、まるで漫談のようだった。

このときはじめて、〝人心掌握術〟という漢字5文字を学んだ気がした。

本田さんは、仕事中社員が失敗をすると手じかにあるスパナをぶん投げたり、ときにはパシッと平手打ちされたという社員がいたという。いまならパワハラとばかりに大炎上だが、当時は新聞沙汰にこそならなかったし、それで辞めていく社員はいなかったようだ。

無関心なら人は怒ることがないので、スパナを投げつけられるということは、それだけ関心があるという証拠といえなくもないわけで、「おやじのひとつの愛情ある表現」と受け流していたのかもしれない。コトバを変えるなら「中小企業がそのままいいところだけを維持して大企業になった不思議な会社」。昭和時代からこそ、そんな本田さんを受け入れた素地がまだあった。

本田さんは、ご自分がいうように、お金の勘定はまるでできず、実印すら見たことがないという男。藤沢武夫というすぐれた相棒がいたおかげで、大好きなモノづくりに集中して努力できた。だから、ある意味堅物で、メカニズムで頭のなかがいっぱいのバランスのひどく欠けたおじさんだ、と思っていた。ところが、このエッセイを通読すると、いい意味で裏切られる。

身の回りのあらゆるところに目が行き届いた、観察力が優れたおじさんなのだ。自分の置かれていた立場をよく理解していて、ときには道化になったであろう男が本田宗一郎ではなかったか。クレバーでタフな経営者だけではない、底知れない魅力を秘めたおじさん。

「企業の体質」という項目がある。

戦後、雨後の筍のごとく100以上のバイクメーカーが誕生した。その大半がトライアンフやアドラーといった外国メーカーのものまねだったという。「真似をして楽をしたものは、その後に苦しむことになる。一度真似をすると永久に真似をしていくものである」「企業にとって危険なのは、ごまかしの体質である。（中略）たとえどんな細かいところでも、目に見えないところでもごまかしたり、手を抜いたりしてはいけないのである。燃料消費率にしても、認定を受けることとクルマだけがいい値を出しても、それはごまかしである。それでよしとするなら、企業全体の体質、従業員一人ひとりの体質が、たちまちにして、取り返しのつかないものになってゆくだろう」

このエッセイは198年代初めに書かれ、文庫版は1985年になっているが、まるで日野自動車の今日を言い当てているのだ。恐るべし！　本田宗一郎！　である。躍動する本田宗一郎の言葉に、いくつもの発見を見出せる本だ。

これも有名な話だが、本田さんが第一線を退いたのち、1年数か月かけ、日本全国のホンダの関係部署約500カ所に出向き、これまでの感謝を込めた挨拶とともにひとりひとりと握手したという。作業途中で油の付着した工員さんは、思わず手を洗おうとしたが、本田さんは、「そのままでいいよ」と油まみれの手をぎゅっと握り返した、という。

読みやすさ　★★★★★　知識増強　★★★
物語の楽しさ　★★★★　新ネタの発見　★★
残念なポイント「エンジンの水冷問題をめぐる若手エンジニアとの戦いに敗れた点を避けているところ」

★中嶋悟著「中嶋悟の交通危機管理術」（新潮社）
―プロのドライブテクニックの〝根っこ〟が見えてくる。（1994年7月刊）

日本人初のF1フル参戦した元ドライバーの中嶋氏が一般ドライバー向けに安全テクニックを伝授。写真週刊誌で連載した記事を加筆、再構成したモノクロ写真を多用した140ページ足らずの本。

さまざまなレーシングテクニックを身に着けサーキットでのバトルを経験しているだけに、さぞや凄いドライビング・テクニックを披露してくれるのでは？　と思ってページを開いたら見事に裏切られた。

中嶋選手は、きわめて基本中の基本のアドバイスを縷々語るのである。いわく、「残後左右をしっかり見なさい」いわく「ブレーキはしっかり踏みなさい」はたまた「自分の乗る車の性能をしっかり理解しなさい」などなど。基本は大切なのはわかるけど、読んでいてワクワクしないし、どちらかといえば退屈だ。あまりにも当たり前のことばかりが語られている。これでは、まるで免許証をとるために通った自動車教習所の退屈な授業とあまり変わりがない。

ところが、読み進めるにつれ、中嶋選手のドライビング・テクニックの〝根っこ〟のようなものが見えてくる。少し行間を読み取ることで、ぐんぐん退屈に見えた彼の発言が、しっかりと伝わってくる。

たとえば「見ることが事故を起こさないための基本」のところでは、〝前方はどうでもいい、前はいずれにしろよく見えるから。大切なのは意識して見えないところを見ることで、まんべんなく周囲をきょろきょろ見ることだ。……熱心に見ないで、一度に左右のドアミラーを見ることができないから、順々に見て、最悪のことを想定しながら見る〟。

信号待ちで最後尾につくとき、前を少し余裕のスペースを持ち明ける。そうすることで後続車に突っ込まれそうになっても、左右どちらかに逃げられるからだ、という。

ズバリ言えば、これこそが防衛運転だ信号だって信用してはいけない、と中嶋さんはいう。信号無視で突っ込んでくるクルマがないともいえないからだ。

「サーキットの方が、一般道路よりよほど安全だ」というのだ。一般道路ほど、無秩序な状態だからだ。性能ばかりか技量の異なるドライバーがあやつるクルマが走り、歩行者もいるし、自転車も走る。子供もいれば年寄りもいる。だから規則や規制がつくられているが、必ずしも規則にのっとって行動しているわけではないので、一般道路はカオス状態の危険に満ちているというのだ。

その点、超高速での競技のサーキットは、技量やクルマの性能などほぼ同じなので、確固たる秩序が存在し、はるかに一般の道路にくらべ、安全だというのだ。

なるほど、いたく納得である。

中嶋さんは、「積極的安全性への取り組み体験」を提唱している。

たとえば、ＡＢＳ（アンチロックブレーキシステム）を体験してほしいという。交通量のほとんどないところで、できれば路肩に砂利か砂がある滑りやすい路面で、急ブレーキを踏んでみる。すると、カクカクッとばかりブレーキベダルに反動がきて、ブレーキがロックする寸前にブレーキ解除、ブレーキロック→解除というのが繰り返される。ブレーキがロックするということの意味を実体験できる。そうすると、いざというとき、驚いて余計な行動に結ぶつくことはなく、涼しい顔でいられる。

中嶋さんは、賢いドライビングを伝授しているだけでなく、日本のちょっとおかしい交通インフラについてもズバリ批判の矢を放つ。上方の位置にあり過ぎてドライバーの目線移動が大きくなり確認しづらい。結果として事故を誘発する恐れがある日本の信号機。それにドライバー側から見やすい、わかりやすいという視点がまるで欠けた不親切、あるいは逆に丁寧過ぎてかえって理解しづらい道路標識。

ドライバーオリエンテイティド（ドライバーの立場に立ったコンセプト）があまり考えられていない交通インフラに警鐘を鳴らしているのだ。ＥＶや自動運転車が論議する以前に発売した本なので、物足りなさはあるが、一読する価値のある本だ。

読みやすさ　★★★★　知識増強　★★★
物語の楽しさ　★★　新ネタの発見　★★
残念なポイント「インタビュー構成なので、各章でのポイントをまとめるメッセージがあればよかった」

★柳家小三治著『バ・イ・ク』（講談社文庫）

─どこから読み始めても面白いエッセイ集。（2005年5月刊）

オートバイの魅力というのは、クルマ以上に感性に左右される乗り物だ。クルマ以上に個人的な乗り物なので、興味のない人に説明するのはとても難しい。でも、ふだん人々に話をとして笑いをとる商売の落語家、噺家なら、その難問をするりと解いてみせるのでは？　そんな気分で、手に取った文庫本が柳家小三治の『バ・イ・ク』である。

柳家小三治は、1939年（昭和14年）の東京生まれ。

『バ・イ・ク』は、寝っ転がってどこからでも読み始めても面白いエッセイ集である。

筆者は、（本当は恥ずかしいのだが）正直にバイクに乗り始めたときの体験を明かしている。人馬一体、ならぬ人車一体となる前の〝機械と人〟の違和感。馴染みづらい関係。早い話初心者というかへたくそライダーが必ず通過する「マシンをどうにも操作できずにふつふつとする感慨」を実体験をまじえてこまごま描写することで、自分を見つめるのである。

そして以下の境地に達する。ここがすごい。やはり観察力が鋭い噺家だ。表現も的確！

「だから、オートバイは危ないというけど、危なくしているのは人間であって、オートバイそのものは何にも危ない乗り物ではないんですよ。オートバイを自由にしてやる。右行け、左行けって、乗ってる人間が無理やりねじ伏せないで、砂利にゴトンとぶつかると、オートバイは、嫌だなと思ったら右行くんです。だから、右に行かしてやればいいんで、右行っちゃだめよ、左だよって、ハンドルを切るとステンといくんです。オートバイってのは、ねじ伏せようとすると人間には向かう。だから、オートバイをうまくあしらいながら、君の好きなように行っていいんだよって言いながら、ステップに乗った体重で右や左に後押しをしてやるというようなことを、だんだん砂利道を走る間に覚えるわけです。そういうことをやりながら、ああ人間も同じだなっていうことを思いました」

タイトルを「バイク」としないで一字ずつ中黒《なかぐろ》を入れた『バ・イ・ク』としたのは、こんな思いが込められていたんだなと一人合点した。そして、この本を読み終え、むかし仕事仲間で岩手のイーハトーブをともに走った漫画家のイトシンさん（著書に『イトシンのバイク整備ノート』など）を思い出しました。

読みやすさ　★★★★★　知識増強　★★
物語の楽しさ　★★★★　新ネタの発見　★★★
残念なポイント「落語とバイクの関係性があればいいのだが……これは無茶振りか」

★須賀敦子著『コルシア書店の仲間たち』（文春文庫）

―「ピレリタイヤと須賀敦子の不思議な関係性」を知ることができる一冊。（1995年11月刊）

現場に行き、耳で聞いたり、目で見たりするのが取材の基本ではあるが、ときには、趣味の読書で思わぬ宝物に行き当ることがある。

名うてのエッセイスト（随筆家）にして翻訳＆書評家として知られる須賀敦子《すがあつこ》（1929～1998年）さん。彼女の文章にはまり、8冊ほど買い込み仕事や移動の合間に読みふけっていたところ、そのなかの一冊にイタリアのピレリの創業者の〝娘〟がエッセイの中に登場してきた。娘といっても当時（1960年代ごろ）、上品とはいえ、すでに80歳代の女性。

実は須賀敦子さんも相当のお嬢さんとしてこの世に誕生している。明治期から帝国ホテルや赤坂離宮の水道工事を手がけた私設水道工事会社「須賀商会」の創業者の孫娘として生をうけるが、ある意味数奇な軌跡を描いた人物。

戦後まだ日本が貧乏で海外に出ることが少なかったころ、大学を卒業後フランスとイタリアに留学。イタリアの男性と結婚。夫とはわずか7年ほどの結婚生活だったのだが、その後も夫の家族との交流があり、やがて東京に戻り上智大学で比較文化の教鞭をとりながら、エッセイストとして頭角をあらわすも、世に出たのが61歳。そののち10年に満たない執筆活動ののち病死。もともと何不自由なく育った日本女性が、イタリアでどちらかというと無産階級の男と貧乏暮らしの只中に覚悟を秘めて傾斜していくことで、金銭では手に入らない宝を手に入れた。そうとしか思えない。非可逆的な化学反応で奇跡的な世界を生み出し、このことが、多くの読者を引きつけている。でも、その存在が大きくフレームアップしたのは、その死からかなり月日がたってのこと……。

『コルシア書店の仲間たち』（文春文庫）というタイトルのエッセイのなかで、ピレリの創業者の娘ツィア・テレーサは、須賀さんの夫たちが経営するミラノにある豆粒ほどの本屋「コルシア書店」のパトロンという不思議な存在。この本屋はただの本屋ではなく、政治的というか思想性の色濃い書店という存在なのである。ピレリ社は、1872年（明治5年）に創業。1890年に自転車用タイヤを製造し、ドイツのタイヤメーカー・メッツェラーを買収し、F1やWRC（世界ラリー選手権）などで活躍。P6、P7、P ZEROなどのタイヤは、70年代から90年代にかけてスポーツカーに装着していた憧れのタイヤだった。日本人から観ると、イタリア人はどこか気まぐれ的要素を感じるが、この生涯独身だったお婆さんにもその臭いがただよい、不思議さと可笑しさが醸しだされる。そのピレリが、その後中国の国有化学企業に買収されているのを知ると、時代が駆け足で変化していることを感じる。

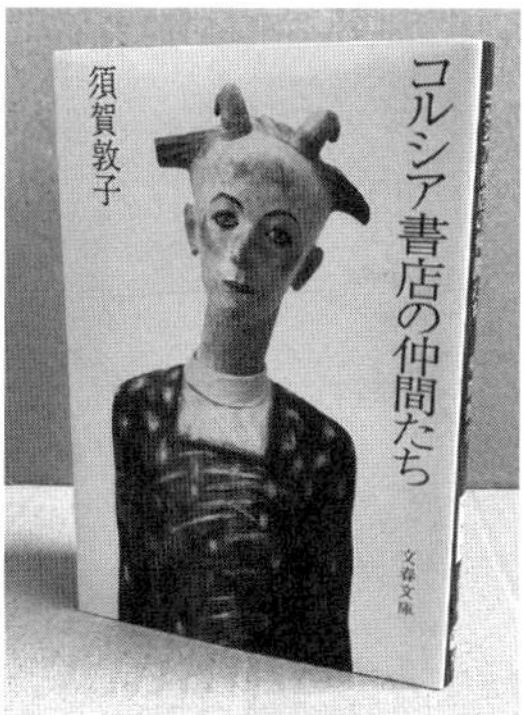

読みやすさ ★★★　知識増強 ★★★
物語の楽しさ ★★★★★　新ネタの発見 ★★★★
残念なポイント「全体から見て、タイヤのことはあくまでも添え物だということ」

★小沢コージ著『クルマ界のすごい12人』（新潮新書）
―「愛のクルマバカ列伝」の著者・小沢コージ氏が手がけた一冊。（2008年6月刊）

華やかな自動車メーカーの動向ばかりを見ていたら、日本に根を張るクルマ社会の真実は十分知ることができない。ゲーム、デザイン、中古車、輸入車、板金、エアロパーツ、レース、書籍、それに金型など自動車のまつわる森羅万象をズバリかみ砕いた文体で、リポートする一冊。

ゲームの世界はおじさんには理解しづらいし、板金技術や金型の世界はニッチ過ぎて一般人には難しい。ヤナセのトップを描くページなど戦前の出来事が並ぶと平成の若者は、置いてけぼりにされそう。でも、ア～ラ不思議、そこは小沢流マジックで、軽やかに誰にでもストンとココロに落ちる。

青学を卒業後、ホンダに入り、その後二玄社で社会派クルマ雑誌NAVIの編集に携わり、いまフリーのジャーナリスト。なかなかに振り幅がおおきく、それなりにワークライフ・バランスならぬ、プレイライフ・バランス（?）の日々を送ったらしく、実に表情豊かな文体で読者を飽きさせない。

この新書2008年に出たため、内容はやや今を描ききれてないところもある。逆に言えば、10数年前のクルマ社会がリアルに描かれているので、現在の大きな曲がり角に来ている日本のクルマ社会との対比がクリアにできて、発売当時の価値以上の情報がゲットできる。

たとえば、カーコンビニ倶楽部はTVコマーシャルをガンガン流し、当時すごい勢いだったが、いまはクルマ社会に定着したのか、はたまた低空飛行なのか知りませんが、音なしの構え。クルマ・バイクの専門書店として、世田谷の環8に本店があり、いちじは横浜の本牧にもあったリンドバーグ。いままでは、この2店は消滅し、代官山の蔦屋書店にトラバーユしている。

とはいえ、この本の鋭いところは、15年前、トップ記事にドライビング・シミュレーターのＳＯＮＹプレステ用ゲームソフト「ＧＴ（グラン・ツーリスモ）」の開発者山内一典氏をド～ンと出している点。ホンダとソニーが共同会社をつくり、21世紀をリードするかもしれないＥＶ（電動自動車）の登場を予感していたかのようだ。小沢コージの慧眼だ。

このゲームソフト、１９９７年12月に初登場し。最初はそう売れないと思いきや爆発的に販売を伸ばし、すでに第7世代で、累計で1億本前後だそうだ。バージョンアップして、リアル度をグングン増し、いまや実際の世界のサーキットを走るだけではなく、東京の２４６号線など実在の都市を舞台にしたシティコースも登場しているという。しかも、タイヤの摩耗やガソリンの消費も再現され、ピット作業もシリーズを追うごとに表現が緻密になり、ジャッキアップ、タイヤ交換、給油作業、スタートの合図などが描かれ臨場感は、天井知らず（？）だそうです。

趣味がはじまりで、ついに小規模とはいえホンダに続く第10番目の日本の自動車メーカーとなったのが、富山の光岡自動車。マーチベースのミニジャガーの「ビュート」、マツダのロードスターベースの「ロックスター」、ＲＡＶ4ベースのＳＵＶ「バディ」といったレプリカ要素の濃い〝ファッション・カー〟、それにフルオリジナルのスーパーカー「オロチ」など、北陸のカロッツェリア変じて自動車メーカー。

スタートは馬小屋だった建屋で板金工場をつくり、そこからパイプフレームのゼロハン（排気量50cc）のミニカー製作がクルマづくりの最初。東京の環8沿いに販売店がありました。元祖シニア向けの１人乗りクルマ。これ4000台以上販売したという。

突然ミニカーに普通運転免許が義務付けられるとたちどころに販売は急降下。そこで、試行錯誤の末、レプリカ製作。立ちはだかったのは、衝突実験などの保安基準の壁。年間わずか販売数1000台いくか行かないかのクルマに、そこまで開発費をかけられない。でも光岡さんは、ガンガン行くタイプ。赤字覚悟で、初心貫徹。新車販売、中古車販売、整備工場などで赤字を補填していたようだ。

こう見ていると、この新書、「クルマバカ列伝」とほぼほぼ同一路線。新書だから、露骨な表現を控えてはいるが、中身は、愛のあるクルマバカたちの周辺事情をつぶさにリポートしているのである。

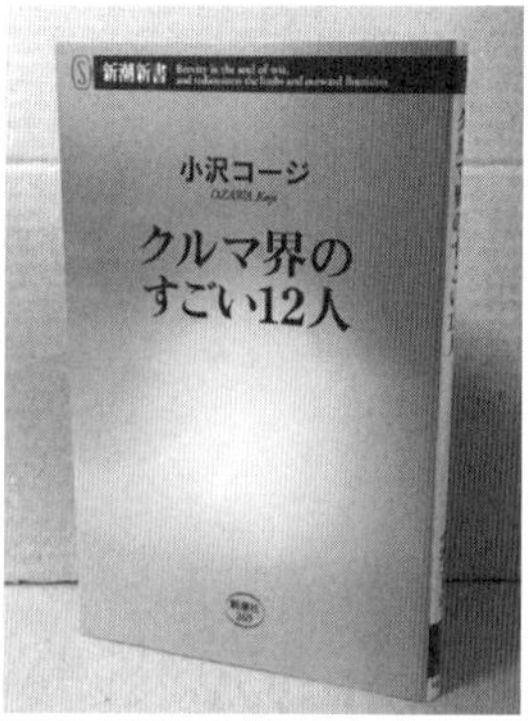

読みやすさ ★★★★　知識増強 ★★★★
物語の楽しさ ★★★　新ネタの発見 ★★★
残念なポイント「発刊後10数年近く立ち、すごい人もそうでなくなっている場合が少なくない」

★大矢晶雄著『イタリア式クルマ生活術』（光人社）
―クルマからもわかるイタリア人の底抜けの明るさ。（2002年4月刊）

「イタリアではクルマが汚いということは、山奥に別荘を持っていたり、門から家までが5分もかかる田舎のどでかい家に住んでいることを物語るステイタスだったりする……」

いきなりこんなフレーズが目に飛び込んできて〝わが意を得たり！〟の気分である。

ふと個人的な体験を思い出した。都内の一流ホテルで打ち合わせか何かで、マイカーでフロントに乗り付けた。バレー（Valet）サービスのスタッフが近づき、その場で鍵付きのクルマを預け颯爽とロビーに向かった（つもり）。すると同乗の娘が蒼ざめた表情で助手席から降りてきた。洗車も不十分な10年落ちの国産車で乗り付けたのだが、若い女性にはこの状況が理不尽だと映ったようだ。ピカピカの輸入車で颯爽と乗り付ける状況なのに、これはないんじゃない！　愛車のカギを渡されたバレーのスタッフの不運を必要以上に感じ取ったのかもしれない。これって日本人得意の忖度。それを是正するのは厄介だ。

むろんイタリア人にも忖度はあるかもしれないが、ベクトルが異なるようだ。

なにしろ、イタリアのクルマ生活は限りなく本音で、ときには剥き出しに近いからだ。1987年式のランチャ・デルタLXという、かなりくたびれた中古車を手に入れ、その車とともにイタリア体験をするうちに筆者は、徐々にイタリアの本質に触れていく。

そもそもイタリアでは車庫証明が不要なので、平気で自宅の前に路駐する。まるで日本の昭和40年ごろまでの光景だ。おまけに車検は、つい最近まで10年ごとだった。EUに加盟してから、２年ごとになったが、それまではリアシートにシートベルトが付いていなかったという。

安全意識もかなり低い。曲がるときウインカーを出さないのが普通だというし、縦列駐車のときに平気で前後のバンパーをぶつけて駐車すると、逆駐車も気に留めない。しかもイタリアのオジイオバアは、孫を猫かわいがりしていたかと思うと、クルマのハンドルを握ると性格ががらり変わって、カッキーンとばかりアクセルONでコーナーをまがっていく。

そもそもAT車などほとんどいなくて、みなMTでないとクルマだと認めていない風潮だ。庶民の大半は、フィアット・パンダあたりの安いクルマに乗っているのだが、とことん一台のクルマを愛し、ボロボロになるまで使い続ける。イタ車はドアハンドルなどつまらないところがいきなり破損したりするが、そんなときは近くの解体屋さんに足を運び、激安部品で修理してしまう。

走れば必ず擦り減り、交換となると大出費となるタイヤもイタリアではエコタイヤならぬ再生タイヤが〝流布〟しているという。リトレッドタイヤといって、山部分（トレッド）部を削りそこだけ張り合わせるというタイプが日本でもあるが、あくまでも走行キロ数が多いトラックの世界。

ところが、面白いことにイタリアでは、乗用車の再生タイヤが珍しくない。筆者のランチャにもこの再生タイヤを取り付けられた。４本で取り付け費込み１万６０００円だったというから驚きだ。新品タイヤの１本分で４本分を賄えるなんて！

イタリア人の生活や、どちらかというと脱力系。前年同月比、なんて経済用語とは縁遠い。〝生き馬の目を抜く〟とまで揶揄される他人を出し抜いて素早く利益を得る生き方とは対極。だから、少し前までイタリアに住むためイタリア語を猛勉強していた友人がいたけど、なんとなく理解できる。

この本は、１９９６年東京生まれ。国立音大の付属小から中学、高校を経て大学でもバイオリンをまなんだ、元バイオリニスト。ところがなぜか自動車雑誌の編集を経て現在コラムニストの筆者が、イタリアの中部の人口５万ちょっとの街シエナに根を下ろし、イタリア式自動車ライフを楽しむ物語。

ちなみに、イタリア人の戦争観のことだ。第２次世界大戦の総括というか反省があまり見られないのは不思議だと考えていた。ドイツと日本ともども枢軸国だったわけで、ドイツや日本は戦後巨大な精神的負担を強いられた。そのわりにイタリアは、その痛みがあまり見られない不思議さ。

この疑問は、社会学者・古市憲寿『誰も戦争を教えてくれなかった』（講談社　２０１３年８月刊）という世界の戦争博物館めぐりを記した本を眺めていたら、なかば解明された。これによると、イタリアはアメリカやイギリス、ロシア、フランスなどの連合国に対しては敗戦国だが、ドイツと日本に対しては１９４３～１９４５年にかけ、ムッソリーニの退陣後、さらりと身をかわし、逆にドイツと日本に宣戦布告していたからだ。

つまりイタリアは敗戦国でありながら戦勝国でもあった。戦争博物館らしきものもイタリアには、ほとんどないという。つまり深い後悔と反省がないのかも？　底抜けの明るさの一面はそんなところにもあるのかもしれない。

読みやすさ　★★★★　　　知識増強　★★★
物語の楽しさ　★★★★　　新ネタの発見　★★★
残念なポイント　「イタリアのサンデーレースドライバーの実態があればもっといい」

★橋本愛喜著『トラックドライバーにも言わせて』（新潮新書）

――読了するのにのべ3日もかかってしまったのはなぜ？（2020年3月刊）

仕事がら本を読むのはさほど苦にならないたちだ。でも、こんなに息苦しい気分で、ページをめくるのにおっくうになりながら活字を追いかけるのは、めったにない。何度も、読むのをやめて途中でほっぽり投げ、他の本に手を伸ばしかけた。

でも、ふと考えて「なぜこんな気分になるのか？」その正体を探るうえでも、最後まで読まなくちゃ！　ときに自分を鼓舞することも読書には必要なのか!?

あとがきを入れて220ページほどの新書なのだが、とにもかくにも読了するのに延べ3日もかかってしまった。

読了まで前向きに、明るい気分で読み進めなかった理由は、トラック業界、物流社会のことをある程度知っていたことがあるかもしれない。これまでトラックに関する単行本を何冊か書いてきた。中高校生向けの職業ガイド『物流で働く』（ぺりかん社）では働く現場をこの目で見てきたつもりだし、数人のトラックドライバーにもインタビューさせてもらった。『ツウになる！　トラックの教本』（秀和システム）では、トラックドライバーの直撃取材はしなかったが、トラックのモノづくりから修理の現場など知られざる周辺世界の人たちを、好奇心に身をまかせてインタビューした。

　トラックドライバーの実態もある程度は知っているつもりいる。「そりゃ、半世紀前の体験であまりにも古いぜっ！」をいわれそうだが、学生時代のまるまる1年間ほど、2トントラックのハンドルを握り、物流の世界で仕事をしていた。当時運転のバイトは割りのいい部類だった。

　トラックドライバーのころを思い出し、この本を読んでみると、昔と少しも変わらないところもある。でも一方で、この50年で日本国内の物流の主役がトラックに大きく依存し、にもかかわらずトラックドライバーがどんどん世間からの風当たりが厳しくなった。ざっくり言えば……高度成長経済の世界では、トラックの運転手は気楽な稼業という印象だったのが、現在はシビアで割に合わない感じの商売になっている。重量車両をあやつるので「交通強者」として扱われるトラックドライバーだが、大事故が起きるたびに社会的には、白い目で見られる。立場はオセロゲームのようにクルっと裏返り、実は「交通弱者」だったということがこの本を読むと理解できる。

　筆者・橋本愛喜《はしもとあいき》さんは、現在フリーライター。父親はもともと金型製作の会社の社長さん。そこで彼女は、金型を運ぶ仕事でトラックに乗る

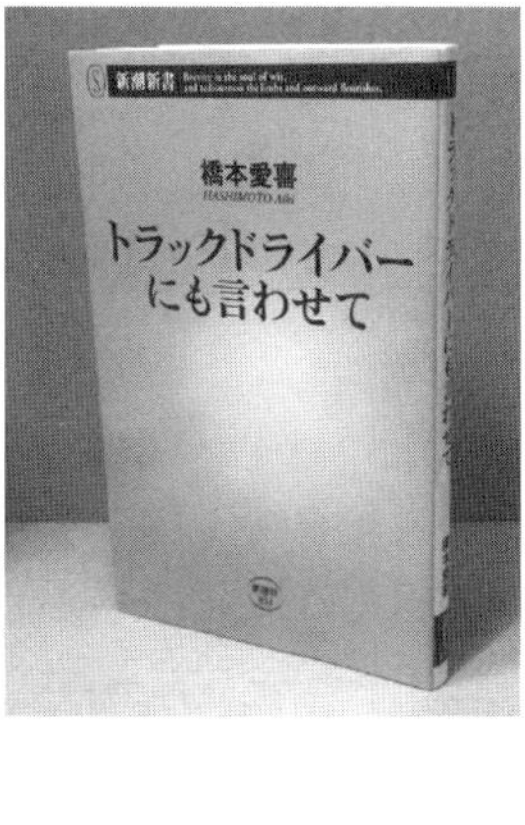

ようになったという。自分の目で見て、体験して、取材してトラックドライバーの置かれている現状をつぶさにリポートしている。

長時間の運転で、一番難儀するのは、生理現象だ。そこに深刻さが象徴されている。

読みやすさ　★★★★　知識増強　★★★
物語の楽しさ　★★　新ネタの発見　★★
残念なポイント「読んでいてあまりリアリティが感じられなかった」

★中沖満著『力道山のロールスロイス　くるま職人思い出の記』（グランプリ出版）
― エンジンの音が聞こえてきそうな良き匂いを放つ文章。（新装版　2012年2月刊）

昭和30年といえば、TV放送が始まったころで空前のプロレスブーム。

力道山が外国人レスラーのやりたい放題の反則技を交えた攻撃にやられっぱなしだった流れのなか、放送時間があと少しで終了のタイミングで力道山が怒りを爆発。空手チョップの必殺技で、猛攻の相手を叩きのめす……そんな筋書き。演出だとなかばわかっていながらも、敗戦後の意気消沈していた日本国民は、この場面でいくらかでも留飲を下げたものである。

庶民にとってTVと映画しか娯楽がなかったその当時、力道山は誰からも愛される英雄だった。とくに、TVの演出など思いもよらなかった子供たち（書評子もその一人だった！）には、まぎれもなく筋肉モリモリの力道山は唯一無碍の大ヒーロー。

でも、そんな不死と思われた力道山は、ヤクザとのけんかであっけなく天国にいってしまった。昭和の子供には、この事件ほど〝世のなかの儚さ《はかな》〟をかみしめさせた事件はなかった。

この力道山が元気な時、どんなクルマに乗っていたんだろうか？　どんな生活を送っていたのか？　ヒーローだからゆえ、いくつもの知られざる秘密があったはず。この本を読むと、力道山の生の姿の一場面が出てくる。

当時、筆者中沖さんは、昭和7年（1932年）生まれで中学を中退し麹町にある自動車の塗装屋さんの駆け出しの職人さん。

職場の近所に引っ越してきた力道山は、ちょうど世界チャンピオンになった時期。それを記念して、愛車ジャガーのドアとトランクにドクロのマークを描いてほしいとやってきた。すると、板金屋のおやじは、すかさず「ドクロじゃなく、王冠がふさわしい」と提案すると、力道山は素直に「それもそうだな、ではできるだけデカい王冠を入れてほしい」。なんとものどかな時代。

このやり取りを口コミで知ったのか、近所の子供たちが集まり、サインをねだるところがまた面白い。当時紙不足だったので、サイン帳など持っていない。そこで、事務所にあったメモ帳をかき集め、子供たちの一枚ずつ持たせサインしてもらったという。

やがて力道山は、王者のクルマに乗る日がやってきた。ロールスロイスだ。戦後モデルのロールスロイスはいまでは珍しくはないが、当時は英国大使のクルマぐらいしか走ってなかった。このロールスロイスを濃紺色に全塗装することとなった。筆者ももちろんこの仕事にかかわった。

ところが、出来上がる直前で力道山はあっけなく死んでしまった。出来上がりを楽しみに、寸暇を盗んでいつも見に来ていたのに……。葬儀の日に何とか間に合わせようと、職人全員で徹夜して仕上げたという。黒に見える濃紺にしあがった力道山のロールスロイスは、悲しいことにこれ以上の葬式のふさわしいボディカラーはない。そのことに参列者が気付く。その後の濃紺のＲＲの行方については杳として不明だ。

この本の貴重なところは、東京都心（麹町）で生まれ育った少年の目で、戦前の東京の交通事情や輸入車事情をつぶさに観察しているところ。とくに出色なのが、戦後焼け野原になった東京の荒廃ぶり。完全な焼け野原で、焼けた土蔵や、焼け残った赤錆のトタンを屋根や壁にした掘立小屋の暮らしが立ち並ぶ東京のなかで、丸焦げになった車両をリストアする職人が出てきたり、それを売り買いするブローカーが出現。変わりゆく東京の姿を特に自動車を軸にリアルに描く。文字どおり、１９６０年代から始まる高度成長経済までの駆け足で駆けていく日本人の姿は令和の日本人にはない底知れるエネルギーを感じる。

じつは書評子が上野の出版社で素人向けの整備雑誌の編集稼業をやり始めたころ、中沖さんを何度も見かけている。バイク雑誌に連載を抱えていて時々、隣の編集部に顔を出していたのだ。たぶんのちに単行本になる数々のモーターサイクル歴をつづった『ぼくのキラキラ星』（グランプリ出版／1983年刊）の単行本化する記事を書いていたのだと思う。

面識こそないが、中沖さんの記事は拾い読みながらも、そのころから愛読していた。スムーズに行を追える良い読みやすさ、そして何よりも人柄がにじみ出る、まるでエンジンの音が聞こえてきそうな良き匂いを放つ文章に、「えっ、このひと本当に塗装の職人さんなの？」といぶかったものだ。

今回、この本をじっくりと読み返し、その謎が解けた。

中沖さんの父親は、戦前東京の麹町でローカル新聞を発行していた。印刷もしていたという。たぶん父親ひとりで、取材から印刷、広告取りまでをやっていたようだ。いまでいうミニコミ誌を主催していた、と思われる。父親との会話もどちらかというと、論理的なものだったともわれる。中沖さんはもし反りが合わない担任の先生とけんかして、勢いにまかせ旧制の九段中学をやめなければ、後を継いでいたのではないだろうか。三つ子の魂百までじゃないが、中沖さんの完成度の高い滑らかな文章は、父上の血が脈々と流れている、と見て間違いない。

読みやすさ　★★★★　知識増強　★★★★
物語の楽しさ　★★★★　新ネタの発見　★★★
残念なポイント「たとえば戦前のバス・ダイヤモンドTなどネットで調べても皆目分からない車両が頻繁に登場する。よほどの事情通以外疑問符が付く、と思う。せっかくの新装版なのに、編集が気を利かして注釈を入れると、もっと読者が増えるのに残念」

★鈴木正文著『走れ！　ヨコグルマ　自動車雑誌NAVI編集長のたわごと』（小学館文庫）

―世の中と今も果敢に格闘し続ける団塊世代の魂の書!?（1998年4月刊）

著者の鈴木正文氏（1949年～）は、通称「スーさん」の愛称で親しまれ、いまやいろんなメディアで活躍する注目の人物である。もともとカー雑誌の「NAVI」の編集長を務めた後、新潮社のクルマ雑誌「ENGINE」、ファッション・カルチャー雑誌「GQ JAPAN」の編集長をへて、現在フリーのエディター兼ジャーナリスト。ごく最近（2023年6月）に坂本龍一の最後の単行本『僕はあと何回、満月を見る』（新潮社）の編集を担った人物として注目されている。

かれこれ10年前になるだろうか、小淵沢のジャガーの試乗会でピンクの毛皮のロングコートで現れるのをこの目で目撃して強烈な印象を抱いたことを覚えている。それ以前に、雨天時にシトロエン2CVをオープンにして雨傘をさして運転していた、そんな都市伝説も漏れ伝わっていた。最近のYouTubeでの坂本氏との対談には蝶ネクタイに黒縁のメガネ、それに半ズボンという出で立ちを見ると、どうしても「あっ、このひと訳ありなんだろうな？」と思ったものだ。

ところで、本という商品はどこで手に入れたかでも、相当印象を左右するものだが、実はこの本、伊勢佐木町で手に入れた。伊勢佐木町といえば有隣堂本店を思い浮かぶが、実はその150メートル先にあるBOOK OFFの80円コーナーだ。

近くの茶店でさっそく戦利品を手にパラパラめくると、いきなり「速度機械のプライオリティ　階級論の資格の中の自動車」という、なんだか小難しい語句が並んでいる。我慢して数十行を読んでみるとやはりチンプンカンプン。この読書感覚、むかし経験したよね、ともう一人の自分に尋ねる。思い出した。60年代、70年代に一世を風靡した朝日ジャーナルの記事の空気感というか文体に近い!?　資本論ぐらい読んでいないと理解不能な世界か？

ところが本というシロモノは面白いものだ。

しばらくたって、投げ出していたその本を再び手に取り眺めてみると、資本論など一行も目にしたことのない無知蒙昧な書評子を容赦なく蹴散らしたことなどすっかり忘れた明るい顔を向けたのだ。

総ページ数が250ページほどある中で、ときどき馴染みのない横文字を披瀝し読者を戸惑わせることがあっても、まるで痙攣が起きたような意味不明な文体で書き連ねている部分（筆者には思いが深いのだろうけど！）はごく少しで、大半は、さすが編集者だけに大部分は分かりやすい記事が並ぶ。

改めて仕切り直しをする気分で見直すと、3つの章で成り立っている。

真ん中の第2章は、フェラーリやポルシェをはじめとしたスポーツカーの試乗記である。クルマの試乗記というのは、そもそも小林彰太郎さんが雑誌「CAR GRAPHIC」のなかで試行錯誤して確立した分野。その部下たちはともすればみな小林チルドレン風の試乗記に陥りがち。しかも、大きな声では言えないが、対象のクルマを少しぐらい貶してもいい（むしろ必要だ？）が、正直に欠点や疑問点を書き連ねると広告が危うくなるので、ついつい提灯記事になりがち。

読者を喜ばし、クルマを貸してくれ広告まで出向してくれたスポンサーをまたまた満足させる、そんな高度な離れ業が必要、とも言えなくもない。しかもいわゆる速度計が時速300㎞まで刻まれるスーパーカーのハンドルを握るとき、ノー天気にアクセルを踏んでいると運転免許証がいくつあっても足りない。

いずれにしろスーさんの試乗記は、ここから脱却しようと足掻いているところが見ものだ。そのためには虚心坦懐正直に、自分の心に問いかけながら試乗記を書く必要がある。

たとえば、1996年式のポルシェ911を都内で借り受け日比谷通りの広い道路で前方がすいている。少し長いが引用すると……「待ちかねたようにスロットルを深々と踏んでしまう。いけないことをしているという意識がチラッと頭をかすめる。けれどいま僕は911に乗っているじゃないか。誘惑に勝ってみてどうする。リア・アクスルの後ろに搭載されたフラット・シックスは、その気で右足をプッシュすれば、レッド・ラインの始まる6800rpmまでレブ・カウンターの針が一気呵成に振り切らせる。（中略）そして、回転落ちの速さよ。回転系の中の一本の赤い針が、まるで突風にあおられた後、地面にたたきつけられていく木の葉のように落下する。（中略）こんなに素早く、狂おしいまでに盤面を駆け上がり、滑り落ちていく針はやっぱり911以外のクルマでは見たことがない。（中略）スーツを着てネクタイを締めて、マジメくさった表情ひとつ崩さずに与太者になれる瞬間なのだ。」

こうした観察力と鋭い表現が、読者の共感を得ていることがわかる。

そして、いよいよ筆者スーさんのワールドは、第3章に集約する。

3章の見出しは、「君よ、自転車に乗れ」というものだ。てっきりクルマを捨ててエコに切り替える優等生的な話かと思いきや、読者を見事に裏切る。

スーさんが学生運動でひどく落ち込んだ時、当時住んでいたアパートの近くに落ちていたボロ自転車のペダルをこいで多摩川沿いを走った。その作業を何度も繰り返すうちにスーさんの身体から滓のようなものがはらはらと落ちていき、敗者からだからこそ復活する権利がある！ そんな友人の応援フレーズが心の底から得心しふたたび社会に打って出る意欲を取り戻す。

スーさんの挫折とは何だったのか？ それは、都内で唯一残る路面電車の都電荒川線に息子と乗ることで明かされる。これ以上はネタバレになるので、ぜひ本書で確認してほしい。スーさんの原点らしきものが明確になる。

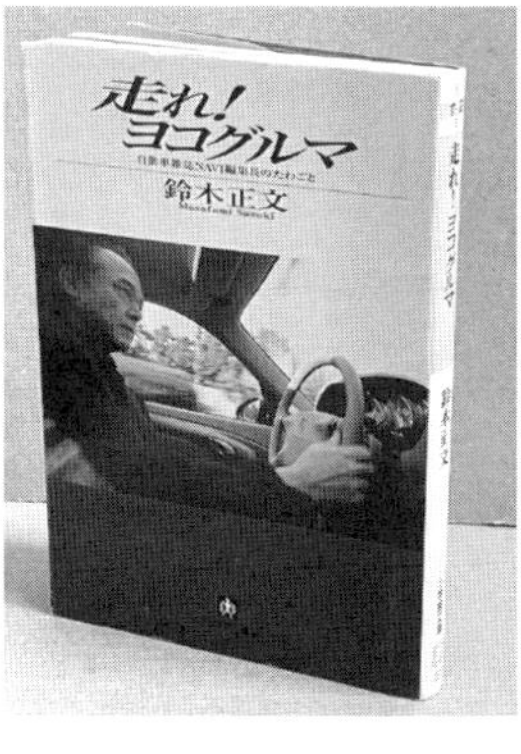

読みやすさ　★★　　　知識増強　★★★
物語の楽しさ　★★★★　新ネタの発見　★★
残念なポイント「著者の個性といえば個性だが、読者を置いてきぼりにするような独善的な個所が見受けられる。初出から大きく書き換えてもよかった。最初の読者である編集担当者の努力が不足していた？」

ヒストリー

★NHK取材班編『フォードの野望を砕いた軍産体制』（角川文庫）

――日本自動車史のなかの〝ブラック・ヒストリー〟を取材したドキュメント。
（1995年8月刊）

戦前のフォードは、大正14年（1925年）横浜の子安にノックダウン工場を作り、ここをアジアの生産&販売拠点として日本市場のみならず中国市場を視野に入れた世界戦略を展開し始めた。モデルTの発売が1908年だから、そこから17年後に極東の国・日本にアメ車が上陸したわけだ。アメリカ本国では、アルフレッド・スローンのGMに追撃され、T型が生産中止に追い込まれ、フォード社自体が大きな壁にぶち当たっていた、そんな時期だった。

このフォード進出のきっかけは関東大震災。震災後、東京市が市電壊滅後の庶民の足としてフォードT型のシャシー800台を大量輸入した。そこで市場調査した結果日本市場の有望性を察知したという背景がある。

そののちGMとクライスラーも同じように進出し、あっという間に日本にアメリカ車（ブランド名としては主にフォードとシボレー）が走り回った。トヨタも日産も企業としてはあったが、よちよち歩きで、品質と価格面でとてもじゃないが太刀打ちできなかった。

当時中国戦線で、侵攻を拡大する軍部にとって、二律背反だった。民生を考えればクオリティの高いアメリカ車の輸入は善だ。だが、近代戦でトラック輸送が大きな戦力になると想定すれば、フォード車の桁違いの性能の良さは脅威であり、恐れであった。国産車の性能向上が急務であった。

フォードが日本に進出してわずか16年目の昭和16年（1941年）に太平洋戦争（日米戦争）が勃発している。その数年前にはアメリカ車は日本市場から締め出しを食らい、完全撤退している。

この本は、日米のあいだに隙間風が吹き始める昭和初年ごろから、〝天下の悪法〟。つまり日米通商条約違反だけでなく、法の効力を公布の時点より9か月前倒しだったことも、悪法との一因とされた。昭和11年5月に制定・公布された『自動車製造事業法』の成立までを描く。いわば日本の自動車史のなかの知られざる〝ブラック・ヒストリー〟を克明に取材したドキュメント。ちなみに放送自体は昭和61年（1986年）。

この『自動車製造事業法』という法律は、日本のメーカーの育成という名目で、アメリカ車（とくにフォード）を排除する法律。しかも、フォードは、この法律施行前に、いち早く子安のノックダウン工場とは別に鶴見川の河口に約15倍の広大な敷地を持つ本格的自動車工場をつくる計画を立てた。鋳造工場、機械加工工場、組み付け工場などを備え、鶴見川河口には1万トンクラスの貨物船を横付けできる設備を備えた壮大なものだった。

新しい工場のデザインは、聖路加国際病院や東京女子大礼拝堂などを手がけ、帝国ホテルを設計したフランク・ロイド・ライトの弟子にあたるチェコ生まれのアントニン・レーモンド（1888～1976年）の起用を予定していた。

……新工場を作り規定事実を積み重ねることで、計画は上手くゆくはず。そもそも、日本にこうした工場をつくることで多くの雇用を生み、先端の技術を日本に移植でき、日本とフォードがＷＩＮＷＩＮだとする思いが、当時の創業者ヘンリー・フォードはじめフォードの経営陣の頭にはあった。これを親米派の日本人グループがあと押しした。欧米で教育を受けたゴルフ場設計で名をなした赤星四郎（1895～1971年）、三菱財閥4代目岩崎小弥太（1879～1945年）、浅野財閥御曹司・浅野良三（1889～1965年）、外交官の吉田茂（1878～1967年）などだ。

ところが、日本の陸軍は、そうではなかった。フォードとGMに脅威を抱く一方、いち早く日本独自の自動車量産体制の確率を目指すことが、戦時体制の維持に欠かせない。産業を保護し、優遇政策をとれば、優秀な自動車を量産できる工場は明日にでもできる、安直にも、そう考えたようだ。だが、すその野の広い産業である量産自動車産業は一朝一夕にはできない。用地買収をめぐるすさまじい妨害、当時の憲兵隊や特高（特別高等警察が正式名で、国家転覆をはかる組織や個人を対象とする秘密警察）によるフォードへの厳しい監視体制など日米が水面下で激突するサスペンスもどきの展開だ。

日本陸軍の思惑通りに事は進まなかったことは、のちの我々はよく知るところ。

戦時下での自動車工場は、後ろ鉢巻をした女子学生をかき集めての人海戦術で量産はできても、技術の向上は期待できなかった。逆に、粗製乱造で、使い物にならない粗悪品の山を築くばかり。技術の向上、高い品質の維持というのは、余裕がなければ実現できないことを、慢心していた旧日本陸軍は気づいていなかった。

100年近く前の〝知られざる日米自動車戦争〟は、数年後の日本大敗北を喫する太平洋戦争の結果を予言するものだった。歴史の闇に消えつつある真実を知る貴重な一冊だ。

読みやすさ　★★★★　　知識増強　★★★★★
物語の楽しさ　★★★★　新ネタの発見　★★★
残念なポイント「索引があればもっといいのに」

★大下英治著『人間・本田宗一郎　夢を駆ける』（光文社文庫）
―550頁のなかに知らなかったエピソードが満載。（2003年8月刊）

「ホンダという企業ほどに、ブランド力の重要性を認識している自動車企業はないんじゃない」。かつて雑誌の編集者時代、そんな言葉でホンダを説明した同僚がいた。たしかに、そうかもしれない。
なにしろ、創業者の本田宗一郎氏にかかわる書籍は、正確に数えたことはないが、ゆうに80～90冊は超えるのではないだろうか？　ホンダファンが増えることは、それだけクルマが売れることに結び付くからだ。（たとえば、マツダの創業者松田重次郎やその息子恒次のことを書いた本はほとんど見たことがない）
「……だからというわけじゃないけど、すでに本田宗一郎さんのことはある程度知っているので、この本はパスしま～す」という声が聞こえてきそう。ところが、事実は小説よりも奇なり。

この550ページほどの分厚い文庫本には、知らなかったエピソードが、これでもかこれでもかと出てくる。しかも、当事者としては、かなり恥ずかしい話が少なからず登場する。遊び大好きな宗一郎の芸者買いのエピソードだけでなく、仕事上の失敗もである。

たとえば昭和40年代初頭N360を開発中、開発者の久米是志（のちの3代目社長）が、過大な吸気音をごまかすべく、シビアな評価を下す本田さんをだますため、ウエスを吸気口にねじ込んだ話。あるいは、女性が大・大好きだった本田さんの挿話が、これでもかという具合に登場し、読者ににじり寄ってくる。

空冷エンジン優位性を頑固に主張する本田さんに対し、水冷エンジン推進派を唱える入交昭一郎（のち副社長、退社後セガの社長を歴任）など当時の若手エンジニアとのぶつかり合いなど、生々しい企業内葛藤がリアルに描かれる。外野から見ると危なっかしい会社と見えなくもない。救われているのは、本田宗一郎の比類のない根っからの明るさが全編をおおっている。だからホンダファンならずとも、ハラハラしながらグングン読み進んでいくに違いない。

失敗をした部下についてスパナを投げつけるモラハラ男（当時そんな言葉がなかった！）だが、人情に厚く、裏表のない、いつまでの子供の心、好奇心を持ち続けた昭和のおっさんだ。ふつう日本人は大人になると「弁（わきま）える人間」になるものだが、そんな気持ちはハナからない、おやっさん。誰からも好かれ、天真爛漫さを失うことなく84歳の天寿を全うしたユーモアあふれるオヤジさん、なのだ。

かつて元気なときの本田さんのスピーチを聞いたことがある。会場と丁々発止のスピーチはまるでコメディアンに近かった!?　いやそうともいえないか、変なおじさんだった？　欠点もやがて、美点にシフトしていく……。ここに人間・本田宗一郎が人を引きつける魅力があったようだ。だからして、本田宗一郎関連の本が、読書界をにぎわしている理由が理解できる。

ところで、筆者の大下英治氏とは、どんな人物なのか？

１９４４年生まれの広島生まれ。広島大学仏文科を卒業後、電波新聞社に勤めるが、退職して、１９６８年大宅壮一マスコミ塾第7期生となり、梶山季之のスタッフライターとして週刊文春の特派記者を経て、作家に転身。政治、ビジネス、歴史、社会、芸能、スポーツ、事件物など幅広いテーマで膨大な著作を持つ。なかでも時代を代表する人物にスポットをあてた作品群は異彩を放つ。本書もその一つ。

通常、文科系のライターは、ややこしい専門用語が出てくるメカニズムの記事を避けたり、生半可な知識で馬脚をあらわすものだが、本書は、メカニズム好きの読者にもある程度満足できる。その秘密は、緻密で手堅い取材力を持つ複数のライターが力を発揮しているからに違いない。数限りないエピソードをかき集めているのも、ひとえに影武者であるライター達のたまものである。

読みやすさ　★★★★　知識増強　★★★
物語の楽しさ　★★★★　新ネタの発見　★★★
残念なポイント「類似本と大きくは違わない佳作。それを超える新情報があればいいが」

★GP企画センター編『日本自動車史年表』（グランプリ出版）

――要約が分かりやすい。簡にして要を得ている。（2006年9月刊）

子供の頃、およそ無味乾燥な印刷物の代表格といえば年表だった。たとえば日本列島の時代区分である水稲農耕での生産経済時代といわれる「弥生時代」が紀元前10世紀～紀元後3世紀にわたる、とあっても肉親の一人でもそこにいたなら別だが、見たこともない世界（想像図は見たが）だから、異なる星の出来事に似て関心が遠のく。

ところが、遠きはるけき時代がググっと身近に感じるときもある。英国のヴィクトリア朝は1837年から1901年の長きにわたる英国の黄金期。書評子が若いころ香港に出かけ、2週間ほど住んでいて、近くの公園でおじさんたちに交じり太極拳のまねごとをしていたら、中国人に広東語で道を尋ねられたことがある。いつのまにか地元になじんでしまった自らを省みて驚いたのだが、その公園こそがヴィクトリア・パークだった。

英国統治時代につくられた公園で、公園内にはヴィクトリア女王の銅像が立っていた。この銅像を建てるために公園を建設したようだ。

だから、ヴィクトリア朝のことが気になり、あれこれ調べた。ロンドンのハイドパークに立ったとき、ヴィクトリア女王の夫アルバートの銅像を確認した。最初の万国博覧会が1851年にハイドパークで開催され、アルバート公がその中心人物だった。ガラスのクリスタルパレス（水晶宮）はとくに有名だが、そのころ新興国であったアメリカは、銃や耕運機を出品。2丁の銃をバラシ、その場で組み付けるというパフォーマンスをおこない、ヨーロッパ人の度肝を抜いた。産業革命前後の欧州国家も、部品の互換性についての意識がなく、一度機械ものをばらすと往生した。ネジの規格がほとんどなかったからだ。いわば芋づる式の好奇心の連鎖現象。

このように、年表という代物は、個人的体験と結びつくと俄然加速したり、肥大する。

ある程度知識の下敷きがないと、面白くもなんともない。ただの文字の羅列に過ぎない。だから、数行のなかに「物語性」をこめられるかである。注意深く言えば「命を吹き込めるか」である。でも、あまり長くなると、冗長となり、限られた紙数のなかで、多くの事柄を網羅しきれなくなる。本をつくる（年表づくり）ということは、そのへんのさじ加減がとても大切になる。

この本は、明治・大正（1898〜1926年）、昭和・戦前期（1927〜1945年）、戦後の復興期（1945〜1952年）、成長と競争の始まり（1953〜1959年）、黄金の60年代の攻防（1960〜1965年）、マイカー時代の到来（1966〜1973年）、排気規制とオイルショックの時代（1974〜1979年）、性能競争と多様化の時代（1980〜1988年）……と2006年までを駆け足で、一項目だいたい200〜300字ほどで説明する。この要約が分かりやすい。簡にして要を得ている。しかも写真も小さいながらもふんだんに載せている。

原稿書きに疲れて、ふとこの本を開くとついつい読みふける。知らなかったことを発見したり、あの出来事と別の出来事がわずか数か月後に起きていた、なんてことに気付く。通常の専門世界の年表は、「世界の出来事」とか「日本の出来事」などをパラレルで併記するケースが多いが、必要なら汎用の年表を横目で眺めればいいだけの話。むしろないほうがすっきりして理解を得やすい。

なんとなく、日頃モヤモヤしている頭のなかを程よくシャッフルしてくれる働きが、この年表にはあるのかもしれない。ただ、索引（ＩＮＤＥＸ）を付ける労を惜しんでいる点が、おおいに不満だ。

読みやすさ　★★★　知識増強　★★★★★
物語の楽しさ★　新ネタの発見★★★★
残念なポイント「埋もれているエピソードを追加してもらいたい。それに索引がないのも残念」

★サトウマコト著『横浜製フォード、大阪製アメリカ車』（230クラブ刊）
―戦前の日本、4人の男を軸にした自動車物語。（2000年12月刊）

日本フォードの副支配人だった稲田久作、日本ＧＭのちトヨタで販売の神様と言われた神谷正太郎、安全自動車の創業者でクライスラーの販売を手がけた中谷保、それにヤナセの創業者・梁瀬長太郎。戦前日本の自動車産業勃興期を舞台に活躍した、この4人の男を軸にした自動車物語である。A5版の判型で、2段組み256ページ。

日本人（おもに東京市民）が、自動車という乗り物を身近に感じ始めたのは、フォードのトラックシャシーを使って架装された11人乗りの路線バス、通称「円太郎バス」である。関東大震災（1923年）で壊滅した市電に変わり、市民の足となり大人気を誇った。

極東の国でクルマの需要が見込まれると見たアメリカのフォード、ゼネラルモーターズGM、クライスラーのビッグ3は、昭和初期に横浜と大阪にノックダウン工場をつくり、あっという間に日本の道路をアメ車が走り回る状況を作り上げた。国家プロジェクトで自前の自動車生産を育てたいと目論む軍部には、こうした状況は歯噛みするばかり。その歯がゆさは複雑だ。当時の日本製トラックは、戦地で壊れまくり役に立たないばかりか足手まとい。その点アメリカのトラックは丈夫で壊れず信頼性が高かったからだ。

この本は、こうしたすでによく知られる史実の隙間を、知られざるエピソード、それに豊富な図版や図表で埋めてくれる。たとえば、梁瀬長太郎は、欧州からアメリカに向かい洋上で大震災を知り、NYに着くや否やGMに2000台ものビュイックとシボレーを発注、これが日本に到着後またたく間に完売し、莫大な利益を得てヤナセのもとを作り上げたという。

あるいは、円太郎バスの運転手を当時の市電運転手のなかから1000名希望者を募り、世田谷にある東京農大のキャンパスで陸軍自動車隊の教官が先生役で速成訓練を展開。いっぽうバスボディの架装は、馬車を製作していた工房など八方手を尽くして分散生産させている。それもあって、バスはいわゆる室内高が低く立ち乗りができず、対面する座席方式で、互いの膝がぶつかるほど狭かった。それでも、円太郎バスは当時の東京市民にはとても人気があった。市電の復旧が進んでバス路線の廃止が一度きまったが、廃止撤廃の声が多く、継続営業となり、バス自体も屋根をアーチ型に改良し、多少は居心地がよくなったとされる。それが、いまにつながる都営バスとなっている。すでに100年以上を超える都市の路線バスとなった。

著者のサトウマコトさんは、鶴見生まれの横浜っ子。近所に稲田久作の旧家があり、その縁で大量の資料を発見し、この著を世に送り出せたという。小田急百貨店に50歳まで勤め、そこから乗り物好きが高じて、横浜の鉄道や歴史ものを出版する出版社を経営するかたわら、みずからも執筆の日々だという。

文章はわかりやすい表現で好感をもてる。タイトルも悪くないし、発見も多い本である。

苦言を呈すれば、みずからが編集者となっているせいか、はたまた本屋に並ぶ前に第三者の目が充分でないせいか、せっかくの力作も記事のダブりや誤植が目立つ（人のこと言えませんが）。全体としてまとまりが弱い、なんだか隔靴掻痒（かっかそうよう）なのである。

読みやすさ　★★★　　知識増強　★★★★★

物語の楽しさ　★★　　新ネタの発見　★★★★

残念なポイント「編集が行き届いておらず、物語の一貫性が失われている」

★折口透著『自動車の世紀』（岩波新書）
―自動車の歴史をさらに知りたい人の手引書。（1997年9月刊）

筆者の折口透、本名伊藤哲氏は、1925年仙台に生まれ。東大理学部中退後、たぶんいろいろないきさつがあったんでしょうね、新橋にある雑誌「モーターマガジン」の編集長をへて、翻訳者として活躍されてきた人物だ。調べてみると早川書房や創元社から数多くの翻訳本を世に送り出している。残念ながら、面識こそないが、彼の書いた『自動車はじめて物語』（立風書房：1989年）は、参考文献の一つとして常に机上にすぐ取り出せるようにスタンバイしている本の一冊である。重要参考文献の一つだ。

ここで取り上げる『自動車の世紀』は、それまで雑誌や単行本に記してきた様々な記事を編集し、さらに書下ろし記事を加えたものだ。20世紀が終焉する3年前に発行されたもの。つまり岩波の編集部からの依頼でつくり上げたものだ。奥付を見ると1997年9月初版。

発売するやすぐ手に入れ、期待をこめて通読した。そのときは、ふだんクルマとは縁がない岩波がどのように日用品化とかしているクルマを分析し、切り口の違いを見せるのか、そこに関心があった。だが、そうした期待は肩透かしを食らった。だから「自動車はじめて物語」のように、何度も読み返しはしておらず、本箱の隅に追いやっていた。

岩波のクルマ本といえば1974年に出た数理経済学者・宇沢弘文氏の「自動車の社会的費用」だ。

高度成長経済下で肥大化する自動車文明への衝撃的な警告書だった。この衝撃を持って受け止められた宇沢本が念頭にあったので、過大な期待をかけたのかもしれない。そこには岩波流のマジックはなかった。

でも今回、あらためて『自動車の世紀』を冷静に読み直してみて、少し考えが変わった。

この本のいいところは、20世紀の近代を形づくった自動車の歴史を数々のエピソードで語っていく。とくにクルマに関心がなくても、とっつきやすい。

ただ、多くのエピソードとカタカナ文字が多すぎて、日ごろ自動車のことを書いている私ですら置いてきぼりを食らいそう。だから、緊張を強いられる。逆に言えば、わずか２４０ページほどの新書の一文一文のなかには、さらに分け入りたい好奇心を高ぶらせるテーマや挿話が散りばめられている。紙数のわりに内容の豊富さ。料理でいうとプレート料理に多くの食材を盛りつけすぎなのだ。その意味では、この本は、あくまでもそうした自動車の歴史をさらに知りたい人の手引書。皮肉をこめれば、予告編に過ぎない。

……それにしてもだ。エンジンを動力にしたクルマが、いま終焉を迎えつつある時代。エンジン付きの移動手段はすでに〝お払い箱〟になりつつある。「人間を時間と距離の制約から解放させてくれる自動車はフランス革命の延長上にあった
これって自動車への大いなる賛歌だ。19世紀からこれまで野心的な発明家が手掛けた自動車の数は３０００車種とも４０００車種、それ以上。自動車を作り出し、自動車を使い生活を愉快にした人々の数は累計どのくらいだろう？　こうした人々の愛が、いっきに失われていくのだろう

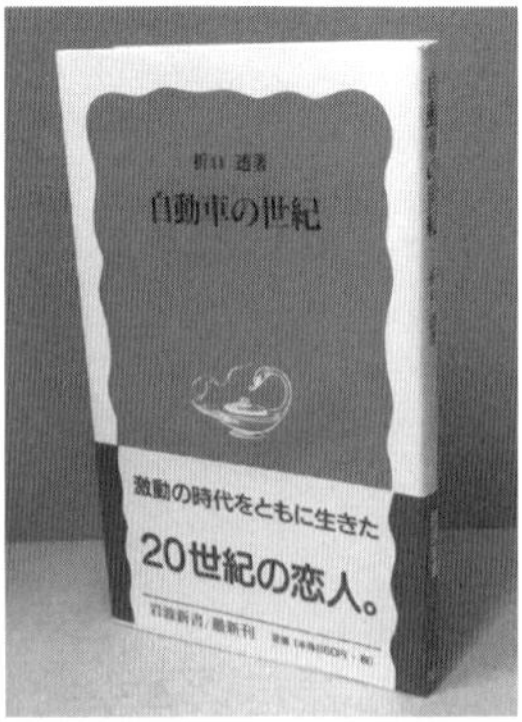

か？　そう考えると、この本は、皮肉にも20世紀のもう一つの墓碑銘なのかもしれない。

読みやすさ　★★★　知識増強　★★★
物語の楽しさ　★★　新ネタの発見　★★★★
残念なポイント「尻切れトンボで、どこか書き飛ばしている感じを受ける」

★中村尚樹著『マツダの魂―不屈の男　松田恒次』（草思社文庫）
―ＲＥの血のにじむような開発物語は何度聞いても心を動かされる。（2021年6月刊）

日本の自動車メーカーのなかで、とてもチャレンジングな会社をあげろ、と言われたら、たいていの人はホンダとマツダの2社をあげるのではないだろうか（3社ならスバルも入る）。

トヨタも日産もそれなりにチャレンジングなところはあるが、巨大な組織なので顔が見えづらい。その点、ホンダとマツダは全体像が見渡しやすく、ほどほどの企業規模のせいかヒューマンドキュメントを読み取りやすい。

ところが、そのヒューマンドキュメントを描いた市販書籍の数となると、この2社には、天と地というか100とゼロほどの差がある。ホンダは、創業者である本田宗一郎関連の本がざっくり言って、たぶん100冊はくだらない。だが、マツダの関連本となると、ほとんど見当たらない。

これはどう見ても不公平極まりない。

ホンダが静岡、東京それに埼玉、栃木をベースにしているのに対し、マツダは西日本の広島で、首都圏と遠く離れているせいか？　いやそうではなく、ホンダの場合、本田宗一郎氏がある意味偉大過ぎるというか、文字通り立志伝中の人物として物語にしやすい。伝説が別の伝説を生み出し肥大していった感がある。

もっと言えばホンダという企業は、〝伝説がブランドを作る〟ということを、かなりまえから、もっともよく知る企業らしく、意図的にそうしたメディア操作に力を入れてきた形跡がある。メディアが、ブランドを構築してきたのだ。そう考えるとマツダは、なんとも控えめというか、皮肉まじりにいえばナイーブでイノセントだったといえる。

2018年に単行本化、2021年に文庫化された本書は、その意味で「ようやく出たぞ！　マツダのヒストリー本」なのだ。

ロータリーエンジン（RE）を導入し、世界初のRE量産車である「コスモスポーツ」を世に送り出した松田恒次（1895〜1970年）を主人公としてはいるが、3輪トラックなどでマツダの基礎をつくった松田重次郎（1875〜1952年）の少年期からこの物語を始めている。

もともと大阪にある砲兵工廠などで職人としての腕を磨いた重次郎は、何度も会社を立ち行かなくしながら画期的な水ポンプを開発したり、ロシアからの膨大な量の「信管」（爆弾や魚雷を爆発させるた

め の 装置）を受注したり、そして故郷広島でコルクの会社の経営者として腕を振るう。そのコルク製造会社がのちにオートバイをつくり、3輪トラックをつくり、戦後自動車の量産に乗り出すのである。いまの言葉でいえば、スタートアップ企業が、多くの失敗を重ねながら試行錯誤を続け、徐々にノウハウを蓄積し、大企業へと変貌していく。ダイナミックでワクワクする戦前の人間味あふれるモノづくり世界が展開される。

ＲＥをめぐる物語のアウトラインは、たいていの読者は知っているかもしれない。でも、あらためておさらいしてみると、当時の松田恒次の勇気とココロザシに感動する。そもそも、恒次は一度重次郎とたもとを分かち（早い話、首になった！）、マツダ（正確には当時の社名は東洋工業）から離れている。

この背景には、恒次より8歳若い村尾時之助という人物がいたことは、今回この本で初めて知りえた。村尾は、呉生まれで広島大学工学部の前身広島高等工業学校機械工学科を卒業後、呉海軍工廠航空機部に入る。航空機のエンジン開発に携わり、さらに中島飛行機の海軍技官ともなった人物。大阪の工業高校中退の恒次とは違ったエリートエンジニア。

重次郎は、その当時、恒次よりもこの村尾を後継者にふさわしいとして、白羽の矢を立てようとしたようだ。恒次はマツダを離れ、ボールペンや編み機などの事業でそれなりの経験を積むのである。平時の場合なら村尾を選択するが、これからは激動の時代。そう見た重次郎は、恒次を呼び戻し、そこから数年後命を懸け、恒次にいわゆる帝王学を授ける。

マツダのリーダーとなった恒次には、じつは大きな秘密が隠されていた。家族とほんのわずかな知人しか知らなかったが、片足が義足だったのだ。若いころの病魔のおかげで片足をなくしていたのだ。このことは社員のほとんどは知らなかった。

元マツダの社員で書評子の知恵袋のエンジニアＫさんは、恒次さんと生前何度も出会っている。恒次は前触れもなくよく製造ラインの視察に来たともいう。恒次の身体の件を電話口で伝えたところ、しばらく絶句していた。まったく気づかなかったというのだ。でも、そのＫさんのおかげで広島市の郊外にあるＲＥのリビルト工場を取材したことをよく覚えている。

ＲＥの血のにじむような開発物語は何度聞いても心を動かされる。

マツダの魂
不屈の男 松田恒次
中村尚樹
広島原爆の惨禍を乗り越え、
三輪から四輪車メーカーに躍進。
誰もが反対したロータリーエンジン開発に懸けた、
不屈の名経営者、
初の本格評伝。

読みやすさ ★★★　知識増強 ★★★
物語の楽しさ ★★　新ネタの発見 ★★★
残念なポイント「物語に起伏がないため、ページをめくる楽しさがあまり感じられない」

★前間孝則著『技術者たちの敗戦』（草思社文庫）

─世のなかには3周以上も先を行く男がいたんだ。（２０１３年８月刊）

この本は、ホンダの技術者・中村良夫はじめ、零戦の開発者・堀越二郎、曽根嘉年、新幹線の島秀雄、ＩＨＩを業界トップに押し上げた真藤恒、ＮＥＣの緒方研二など６名の敗戦後、廃墟からどう立ち上がったかのドキュメント。

このなかで唯一自動車関連の中村良夫にズームインすると……。

ＩＨＩでジェットエンジンの開発をしていた筆者・前間氏が、『ジェットエンジンに取り憑かれた男』（講談社刊）でデビューした。Ｆ１の監督として名をはせていた中村良夫さんにインタビューしたのち二人の距離が縮まったのはそう時間がかからなかったようだ。

そのころホンダの常務まで上り詰め、リタイヤしてのち日本自動車技術会の副会長や国際自動車技術会連盟の会長などをつとめ世界を舞台に活躍していた中村さんが、若いころ中島飛行機で航空機エンジンの開発に携わっていた。

もともと長州の医師の息子で、山口中学から東京帝大航空学科に進んだ超エリートらしく、身仕舞いに寸分の狂いのないダンディな紳士だった。その中村は、終戦直前まで「富嶽（ふがく）」に搭載予定だった空冷36気筒エンジンを開発していた。これは複列星型18気筒エンジンを2機、くし刺ししたレイアウトで６０００馬力発生するという構想だった。この超弩級エンジンを富士山の別名「富嶽」に搭載し、日本の各都市を廃墟に変えつつあるB29への復讐とばかりアメリカ本土を直接攻撃しようという旧日本軍の構想だったのだ。

だが、この構想は敗戦であっけなく消え去り、超エリート航空エンジニアの若者は、一夜にして闇のなかに投げ出される。敗北感が打ちのめされもした。戦後はGHQの命令で日本は「航空禁止」となり、〝陸に上がったカッパ〟同然、徒手空拳となる。世過ぎ身過ぎのため、一時3輪トラックメーカーに籍を置いたが、38歳のときにオートバイメーカーのホンダに入社。この時すでに38歳。

いわば敗戦の地獄の体験を潜り抜けてきた中村は、のちの世にありがちな軟弱な超エリートではなかった。ホンダという企業世界で、めきめき力を発揮しF1への道筋を切り開いた一方、市販4輪乗用車の開発においても大いに力を発揮した。中村良夫のチカラなしにはホンダの乗用車開発の成功はなかったといわれる。

排ガス規制が厳しくなるなかで、シンプルな空冷エンジンがいいのか、温度管理がやりやすい水冷エンジンを選択すべきなのか、でこの2人の旧新エンジニアはぶつかる。もともと尊敬の対象だったおやじこと宗一郎に歯向かうのは、本義ではないが、科学的正義を信奉するエンジニアの中村としては、そんなことは言っていられない。

けっきょく宗一郎は、藤沢副社長の助言で〝潔く〟身を引くことになるが、一方の中村もこの世代間の闘争で少なからず苦悩し、傷ついた。だが、そのことで、中村の執筆者としての力量が劇的に高まった。先日図書館から借りてきた山海堂刊の「F1グランプリ全発言」の冒頭ミハ

イル・シューマッハを描く記事に目を通したところ、実に高い見識の持ち主である彼だけにしか記しえない内容が、わかりやすくクリアな文体で展開されているのを、口をあんぐりして眺めてしまった。世のなかには3周以上も先を行く男がいたんだ。

読みやすさ　★★★　知識増強　★★★★
物語の楽しさ★★★　新ネタの発見★★★
残念なポイント「登場人物の喜怒哀楽がほとんど描かれていない」

★橋本毅彦著『「ものづくり」の科学史』(講談社学術文庫)
―モノづくりの歴史の概略を知るには悪くない1冊だ。(2013年8月刊)

よく知られるように、モノづくりの世界での「標準化・互換性」のハイライトは、1851年のロンドンのハイドパークでの第1回万国博覧会。当時の新興国家アメリカ合衆国の展示物が象徴的。サミュエル・コルトが製造した回転式自動拳銃のコルト銃のパフォーマンスだった。

作業台の上に数丁の拳銃の部品がばらばらに置かれ、それを作業員がたちどころに組み付けていくのである。いまではごく当たり前に見えるが、これを目の当たりにしたギャラリーは唖然として口をあんぐりと開け、またある者は思わず驚きで奇声を発する人もいたかもしれない。

それほど、当時のヨーロッパの人たちは、このパフォーマンスに度肝を抜かれた。これが「互換性」というモノづくりのキーワードをヨーロッパの人たちが目にした始まりとされている。

互換性をモノづくりに導入したのは、武器から始まり、ミシンづくりに伝わり、自転車づくりの工場にも伝播し、やがて自動車やタイプライター、時計などの工業製品へと広がっていく。この標準化に気付き、推し進められなければ、現在の量産、つまり高い品質での大量生産によるモノづくりなど夢のまた夢だったのである。いわば、近代の機械化文明は、まさに〝標準化・互換性〟が大きなキーワードなのである。

ところが、この本によると、じつは、この標準化・互換性をフルに活用した武器づくりは、アメリカで産声を上げたコンセプトではなかった。じつはイギリスの隣フランスの兵器工場で18世紀の末に始まっていたのだ。独立間もないアメリカ合衆国ののちに第3代大統領となるトーマス・ジェファーソン（1743～1826年）がフランス大使のとき、どん欲にフランスが生み出した互換性によるモノづくりを視察し、本国に情報を送り届けていたのである。当時のフランスはフランス革命の熱によりメートル法を編み出すなど、ある意味で先進技術をになっていた。

ではなぜ、当時世界の向上といわれたイギリスが、大量生産に結び付く標準化・互換性によるモノづくりができなかったのか？　ヤスリ掛けに代表する徒弟制度がかっちりと社会に根付いていて、ドラスチックな改革・変革ができなかったのだ。産業革命初期の18世紀初頭に起きた職人たちが徒党を組んで機械を破壊するという「ラッダイト運動」に似た社会に停滞をもたらすムーブメントがあったからだ。イギリスからの独立を果たしたアメリカは、英国からの技術者移住や工具や設備の輸入を固く止められていたので、フランスからの技術輸入と自国での技術開発に打ち込むしかなかった。

まるでウサギと亀（もちろんウサギが英国で、亀がアメリカだ）の話のようだが、さすがのウサギの英国もコルト銃の優秀性に気付き、アメリカ式の製造法に学び始める。

そんなアメリカでも、互換性の徹底さでは、失敗地にまみれた側面があった。ボルティモアにある国立標準局が火災に遭い、消火活動をしようとしたところ、隣のフィラデルフィアなどからの応援隊のホースの口金のサイズが合わず、あわや大惨事になるという、笑うに笑えない事態に気付くのである。

調べてみると全米でのホースのサイズと形状の違いは全部で６００もあり、これを統一しようと動いたものの、24年後の１９２４年でもわずか1割しか共通化できなかったという。第１次世界大戦後に、ようやく、サイズの統一が重要事項だと共通認識となり、海軍、陸軍、機械学会、それに自動車学会などの関係部署が集まり統一化がすすめられたという。

日本での工業製品の標準化・互換性は、かなり遅れて、敗戦から5年たった朝鮮戦争のタイミングだった。アメリカのバック工場となった日本のモノづくり世界が、このときデミングなどの品質管理術を学ぶことで、標準化の考えがようやく導入されたという。

この本は、学術書というだけにやや難しいところがある。欧米の資料もカバーしているのは○だ。工業高校出身の書評子から言わせてもらう

と、筆者が譬え1ト月間でも工場でのモノづくりに携わっていればもっと生々しく説得力のある文章になったのではと惜しまれる（語彙力がやや不足）が、モノづくりの歴史の概略を知るには悪くない1冊だ。

読みやすさ　★★　知識増強　★★★★
物語の楽しさ　★★　新ネタの発見　★★
残念なポイント「パソコンやスマホなど最新ITの世界の互換性に触れるともっとよかった」

★桂木洋二著『歴史のなかの中島飛行機』（グランプリ出版）

―野心家でしかも飛びぬけて運がよかった男・中島知久平。（2017年5月刊）

よく知られるように有人飛行機がはじめて空を飛んだのはライト兄弟である。飛行機が空を飛ぶのは、陸を走る自動車ができてからかなり時間がたってから……感覚的にはそんなふうに思いがちだが、ライト兄弟が空を飛んだのは1903年で、フォードのT型が誕生する5年前のことだった。

ということは、当時の若者は、陸を走る自動車という乗り物に希望を抱くのか、空を自由にはばたく飛行機に夢を託すのか、どっちかを選択をするのに苦しんだ、と想像する。

ところが実際には乗り物という存在は、平和時の人々の夢を膨らませたり暮らしを豊かにするためだけではなく、皮肉なことだが戦争という殺し合いの世界のなかで、劇的なほどの急速な進歩を遂げていく。日本における飛行機の存在も当初は、「パンとサーカス」のサーカスそのものだった。

明治末期から大正初期にかけて何人もの外国人の曲芸飛行士がやってきて、全国で航空ショーを繰り広げた。少年のころの本田宗一郎も、小銭を握りしめ、大人の自転車を三角乗りで足をカクカクさせながら、20キロ離れた浜松までやってきた。けっきょく手持ちの金子では入場料不足で、場外の木の上に登り、アート・スミスの曲芸飛行に見入った。ひどく感激し、きっと大人になったら、空を飛ぶ飛行機というものを作ってみたいと思うのだった。

本田少年だけではなく、こうした飛行機の熱に浮かされた日本人がたくさんいたようだ。

驚くべきことに、当時の飛行機の機体は、木製だった。木ということは、ふだん家具や建具をつくっていた腕のいい大工や宮大工が、その機体の製作にあたった。骨組みはケヤキを使い、主翼の桁や翼間の支柱にはヒノキ、プロペラはクルミ材、各部をつなぐ素材はベニヤ板、というのが相場だった。

エンジンは、たいていは外国製を輸入したが、キャブレターの調整やプラグの選定など一筋ならではゆかなかった。モノづくりの標準化はおろか、品質管理という概念もあいまいなので、どうにか飛ぶことができても、離着陸にしくじったり、突風にあおられたり、操作遅れでトラブルを引き起こしたり、墜落や不時着で機体を破損したり、あげくに命を落としたりするものが珍しくなかった。

それでも複数の野心家が、当時の日本には五本の指以上いた。その知られざる貴重なエピソードをこの本は紹介している。

そのなかで、飛びぬけて野心家でしかも運が良かった男が、主人公である中島知久平（１８８４～１９４９年）である。33歳のときに海軍を退役し、地元利根川近くの農家を借り受け飛行機づくりをスタートさせるのである。

当時多数派だった大艦巨砲方式（戦艦大和をイメージしてほしい）を時代遅れとして航空機による戦闘がこれからは勝敗を決すると主張、軍用機の生産を目論むのである。太平洋戦争が始まる24年前である。

飛行機工場という看板をあげたものの、スタッフ数は９名。10馬力のモーター、カンナ機、丸鋸機など工作機械設備は村の鍛冶屋や木工場に毛の生えた程度、しかも近くの太田市には、ネジ屋さんもなく、部品の購入には東武電車を乗り継いで東京まで出なければいけない状況。おまけに資金の目処もほとんどない。テスト飛行する予定の利根川の河川敷も近在の県や市町村の許可を得なくてはいけない。普通の感覚で判断すると前途多難どころか２００％無謀なところからのスタートだった。

ところが、まるでブルドーザーのような強い堅固な意思と行動力を持つ中島知久平は、こうしたハンディをものともせず、グイグイ前進。それが、太平洋戦争が終結する１９４５年には、従業員が約25万人、関連会社を含めるとなんと約50万人を擁する東洋最大の軍用機メーカーとなったのである。わずか4半世紀のあいだにである。累計の航空機の数はなんと約3万機にのぼる。この本を読むとこの秘密が理解できる。

筆者もあとがきで記すように、中島知久平は、戦後活躍した本田宗一郎と生き方がダブる気がする。誰にも負けない飛行機を作りたいのと誰にも負けないエンジンをつくりたい、という点で。

読みやすさ　★★★★　知識増強　★★★★★
物語の楽しさ　★★★　新ネタの発見　★★★
残念なポイント「索引があればもっと良かった。紙質が厚すぎて読みづらい」

★桂木洋二著『明日への全力疾走／浮谷東次郎物語』（グランプリ出版）

―青年期のココロザシが蘇るかも……。（1988年9月刊）

いまでは伝説のレーシングドライバーとなっている浮谷東次郎（1942～1965年）の「がむしゃら1500キロ」を初めて読んだのはいつのことだったか？　その本の存在を知ったのは、義理の兄貴であるもとトヨタのレースメカをしていた高橋敏之氏の息子がキッカケだった。甥っ子にあたる彼が、高校生のころが将来を迷っていて、親から私家版の「がむしゃら1500キロ」を勧められ、一晩で読み終え涙目になっていた。そんなエピソードを側聞。

そのときは〈へ～っ、そんな本がるのだ？〉となかば他人事だったところ、しばらくしてたまたま古本屋でちくま文庫版の「がむしゃら1500キロ」を見つけ、読破した。

東次郎の文章は、息遣いがビンビン伝わる類のもので、ときにはまわりに抵抗しあるいは疑問をいだきながら常に自分を100%発揮しながら生きていこうとする姿勢に大いに刺激を受けたものだ。その後この本は、私には珍しく計3回読んだと思う。

日本のバブル絶頂期1980年代後半、異論はあるだろうが日本車は東次郎が生きていた時代とは逆に良質ともに絶頂期を迎えていた。都内のホテルでも催される発表会は、週替わりでおこなわれ、文字通り大量生産大量廃棄時代が出現した。そのとき、この時代に東次郎が生きていたら、彼はどんな感想を抱くだろうと強く思ったものだ。

浮谷東次郎は高校を卒業後、2年半ほどアメリカに留学というか、大いに羽をのばし武者修行的な経験を積み、帰国。大学に籍を置いたものの、それに満足せずトヨタに直談判してワークスの契約ドライバーになる。この単行本は、そこから彼の死にいたるまでのリアルな物語を読み物風にまとめたものである。本が完成する前約10年、約60数名にインタビューしたというだけにほかの類似本にはない資料性が高い。

自動車の安全装置としては、エアバックはおろかABSの影も形もないころ。ヘッドレストが市販車に装着されはじめころで、シートベルトはいまだ市販車にはなく、レーシングカーが先行して装着されていたそんな時代だった。

自動車のレースは、もちろんクルマそのもののポテンシャルが大きな比重を占めるが、それをあやつるレーシングドライバーの技量にも大きく左右される。それは競走馬と全く同じだ。操縦テクニックをはじめとするスキルは、ドライバーにより異なり、そこには個性がにじみ出て勢い人気ドライバーが誕生する素地がある。

浮谷東次郎は、「がむしゃら１５００キロ」の体温がダイレクトに伝わる文章でわかる通り、全力で課題にぶつかる、瞬間瞬間を１００％全力で生き、楽しむ。そんな浮谷には、好敵手生沢徹、先輩格の式場壮吉、友人の林みのるらがいた。そして何よりも理解のある父親と姉の家族など豊穣ともいえる人間関係に恵まれる。

東次郎をいちやく伝説のドライバーに登り詰めさせたのは、１９６５年の船橋サーキットでのトヨタＳ８００に乗る東次郎と、生沢のホンダＳ６００の戦い。スタートしてしばらくたった時、東次郎のマシンは競り合いのなかフロントフェンダーにダメージを受け、大きく後退する。順位でいえば17位まで落ちた。通常ならあきらめムードが先に立つが、東次郎はそこからファイトを燃やし、徐々に順位を上げ、ついに先頭に立ち、そのままゴール。奇跡の大逆転劇を演じるのである。

東次郎には、ことの本質を見つめるあまり通常人の常識はなかった。たとえば、操安性の高いトヨタＳ８００にはパブリカの退屈なエンジンが搭載されている。そこで、高性能なホンダのＳ６００のエンジンを載せればより理想に近づける。そう考えた東次郎は、迷いもなく、そのことを実行に移そうとする。だが、他社のエンジンを載せるなんて、周りの人は驚き拒否する人ばかり。アメリカではごく当たり前のスワップミートを背景にしたチューニングなのに。

常識とは何か？　人の幸せと不幸とは何か？　そんな根源的な事柄を考えさせられる。

読みやすさ　★★★★　知識増強　★★★
物語の楽しさ　★★★★　新ネタの発見　★★★
残念なポイント　「登場人物の説明が門外漢にはわかりづらいところが多々ある。脚注などが必要だ」

★前間孝則著『マン・マシンの昭和伝説』（講談社文庫／上下2巻）

——戦前戦後の日本にいた5人の〝サムライ技術者〟
（1996年2月刊／単行本は1993年7月）

日本の自動車産業の歴史に関心を持つ人には、ひとつの歴史的事実を知っている。戦後の日本の自動車産業は、戦時中に活躍した航空技術者なくしては語れない、ということ。戦闘機や爆撃機を開発していたエンジニアが、戦後の自動車産業の技術的な核となり、欧米の技術をキャッチアップしてきたのだ。ところが、その裏付けとなる詳細情報となると、ほとんどの資料が焼却され、実証的にとらえることが叶わず系統立てた記録がなく、なかば都市伝説になりかかっていた。ジグソーパズルでいえば肝心のピースの多くが消え失せていたのだ。

文庫版上下2巻ページ総数約1400ページの、この本が、この歴史の巨大な空白を見事に埋め近代日本の先進技術産業史というべき絵巻（ジグソーパズルの完成図）を読者の眼前に示す。まさに前間孝則氏の出世作である。20年近くＩＨＩでジェットエンジンの開発に取り組んできたとはいえ、余人をもって代えがたい仕事、というと褒めすぎか？

筆者が前書きで語るように、そもそも脆弱な技術基盤しか持ちえなかった日本の航空機は、膨大な技術蓄積と広範な産業のすそ野を持つアメリカと戦い、完膚なきまでに敗北する。戦後、ＧＨＱにより「航空禁止」が命令される。いわば翼を奪われた航空技術者たちは、路頭に迷う境遇になる。年齢はみな20代あるいは30歳を少し超えたばかり。

彼らの経験を活かし、生きのびる先は、〝航空機よりレベルが低い〟自動車の世界しかなかった。

当時のトヨタも日産も絶望的といえるほどアメリカに後れを取っていた。ホンダはまだ影も形もなかった。当時の日銀総裁の一万田尚登《いちまんだひさと》は、航空機から自動車にシフトしようとしたメーカーの首脳部に向かってこういった。「日本はアメリカの中古車を使えばいい！」。ヤナセの創業者梁瀬長太郎も通産省の役人に意見を求められ「クルマづくりはアメリカに任せておけばいい。日本では産業のすそ野がないのでとても無理です」という意味の答えをしている。

ごく一部の人をのぞき、当時の日本人の大部分は「とても自国で自動車をつくることなどできない。夢のまた夢！」とそうかたく信じ込んでいた。

こうしたゼロ（あるいはマイナス）からスタートした日本の戦後の自動車産業は、文字通りよちよち歩き。朝鮮戦争という特需が転がり込むなどで、助走が付き高度経済成長のけん引役に自動車がなっていく。そして紆余曲折の末わずか半世紀ほどで、雲の上の巨人だったアメリカの自動車産業を脅かすまでになった。（少なくとも平成時代までは。ただ現在はパワーバランスに変化が出てきている）

いわば日本の奇跡の戦後の復活は、元航空技術者のハングリー精神を内に秘めたウルトラパワー的な働きが牽引車となった。

この本の魅力は、タイトルにあるようにＭＡＮ、つまりこうしたかつて日本にいた〝サムライ技術者〟を丁寧に描いている。主な登場人物（みな実在の人間だ）は、５人ほどいる。

陸海軍から「奇跡のエンジン」とたたえられた「誉（ほまれ）」という航空機用エンジンを開発し、戦後はプリンス自動車、日産でエンジン分野のチーフ役をした中川良一（１９１３〜１９９８年）、中川のもとで名車スカイラインやレーシングカーＲ３８０などを開発した桜井眞一郎（１９２９〜２０１１年）。超大型重爆撃機「富嶽」などの開発に携わったのち戦後ホンダに入社しＴ３６０など４輪の開発やＦ１の監督として活躍した中村良夫（１９１８〜１９９４年）。Ｂ２９を攻略する狙いの高高度防空戦闘機「キ94」の開発に携わり戦後はパブリカやカローラなどの主査として腕を振るった長谷川龍雄（１９１６〜２００８年）。それに「誉」の改造や航空機のターボやインタークーラーの開発をし戦後はスバル３６０をプロジェクトリーダーとなり活躍した百瀬晋六（１９１９〜１９９７年）である。

こうした人物のプロフィール、時代背景、エピソードなどを丁寧に描くことで、人となりを浮き彫りにする。たとえばホンダの中村良夫が生まれて初めてクルマというものを目にしたのは、関東大震災が起きる7か月ほど前の大正12年2月の寒い下関だった。15歳の時で、真っ赤なフィアットのタクシーが横を通り過ぎていったのだという。半世紀前のことをまるで

絵のように描いているのは、中村氏がまだ存命中だったからだ。
この本が単なる記録にとどまらず人間ドキュメント的で読む人の心を引き付けるのは、生の声がふんだんに鋳込まれているからだ。取材対象者は70代80代だった。タイムリミットぎりぎりセーフでこの本ができたと思うと、不思議な力が働いているような気がする。

読みやすさ ★★★★　知識増強 ★★★★
物語の楽しさ ★★★★　新ネタの発見 ★★★★
残念なポイント「惜しむらくは索引があるともっと良かった」

★折口透著「ポルシェ博士とヒトラー　ハプスブルク家の遺産」(グランプリ出版)

―ポルシェとヒトラーの壮大な叙事詩。(1988年7月刊)

オーストリアのウイーンといえば、いまやモーツアルトをはじめとする音楽の天才たちをはぐくんだ芸術の街。そんなイメージでノホホンと生きてきたが、10年ほど前ウイーンに初めて旅した時、ガーンと来たのだ。(市内にある技術博物館でポルシェが26歳の時につくったホイールインモーターカーの実

車など欧州での初期の自動車技術が展示されていた）

「ヨーロッパの中心はロンドンやパリ、ローマだと思っていた。が、うん待てよ、そうじゃないんじゃな〜い？」という疑問符が頭に浮かんだ。

この本を読んで、その思いが間違いでなかったことが分かった。たぶん、遠く離れた極東に住む日本人は、20世紀の初めまでヨーロッパの中心地であったことを意識しづらい。

当時ウイーンは、オーストリア・ハンガリー2重帝国の首都。ウイーンには野心のある若者が集まり、そこで才能を開花させようとした場所だった。早い話、福沢諭吉の「学問のすゝめ」の影響だと思うけど、明治から昭和の中頃までの長いあいだ、地方から出てきて東京で一旗揚げる意気込みの若者たちがゴマンといたのとまったく同じ。

星雲の希望を抱いてウイーンにやってきたなかに、フェルデナンド・ポルシェ（1875〜1951年）とアドルフ・ヒトラー（1889〜1945年）がいた。ポルシェは、すぐに才能を生かしてほぼ順調に出世の階段を上るが、もう一人のヒトラー青年は絵描きになる夢が消えるなど挫折の連続。だが偶然も大いに働き、紆余曲折の末ドイツの独裁者に登り詰める。

ポルシェ博士は、レーシングカーをつくることで庶民に娯楽を与え、VWビートルという国民車を開発することで、庶民の希望をかなえようとした。ヒトラーも、そのビートルの強力な推進者だったし、邪悪な復讐心を裏に秘めた権謀術数で権力の頂点を極め、巧みな話術で常に庶民の歓心を買った。まさに「パンとサーカス」をうまく使いこなすことで、当時のドイツ国民をその気にさせた。国民が気付いたときには、戦争のるつぼのなかにどっぷり漬かり逆戻りができず、破滅までいきついた。

自動車と戦争は、じつは隣り合わせの関係。

戦車は、自動車の技術からの転用だし、飛行機も実は自動車の技術を発展させた要素が少なくない。そもそも、第2次世界大戦中、ドイツもアメリカも、日本もそうだが自動車会社は民生用の自動車づくりをやめて軍需工場としての役割を担ってきた。

自動車と人間の歴史を語るうえで、単にメカニズムやモノづくりの世界、資金のねん出、この3つに収斂してともすれば物語が進みがち。だが、この本のすごいところは、そのクルマを語るうえで政治状況、産業、歴史的背景、音楽や絵画、文学、思想、建築学といった当時の芸術や文化まで広げることで、より鮮明に読者に絵柄を理解させる。

音楽ではワーグナー、マーラー、絵画ではグスタフ・クリムト、文学では、エミール・ゾラ、ヘルマン・ヘッセ、オルダス・ハックスレー、思想の世界ではフロイト、ベルグソン、建築ではル・コルビジュエなどが出てくる。

音楽、芸術など幅の広い趣味を持ち、博覧強記を備えた筆者だからこそ、描くことができたポルシェ博士とヒトラーの壮大な叙事詩だといえる。読了するにはややエネルギーが必要だが、世界観が少しリファインされた気分になった。

読みやすさ　★★　　　　　　　　知識増強　★★★★★
物語の楽しさ　★★★★　　　　新ネタの発見　★★★★
残念なポイント「小説だから許されるのかもしれないが、ところどころ説明不足で意味不明のところがある」

★ヘンリー・フォード自伝「藁（わら）のハンドル」（中公文庫／竹村健一訳）
―「真実は小説よりも奇なり！」とはよくぞ言ったものだ。（2002年3月刊）

先日、ねっころがって眺めていたヘンリー・フォードの伝記「藁（わら）のハンドル」（竹村健一訳）にこんなくだりがあるのだ。ヘンリー・フォードはいうまでもなくフォード社の創業者で、「資本主義の基礎を築いた企業家の一人。自動車の大量生産方式を確立し、大企業とサラリーマンをこの地球上に発生させた人物」（竹村）である。

この本の中ごろに、「T型フォードを造りはじめてから数年前までは、ハンドルに木材を使用していた」とある。いまでも高級車にはウッドハンドル仕様があるので、ここは少しも驚かないが、「木のハンドルは最上級の木材しか使えない、つまり精密さを要するので、高級材になる」ということの意味。

そこで、ヘンリーは一計を案じ、よりやすく量産することが至上命題ゆえ、その当時大量に有り余っていた麦藁に着目。この麦藁にゴム、硫黄、珪土などの材料を混ぜ合わせ、チューブ状にする。あたかもミンチ肉のようになったカタマリを斜めに切断し、その外部をゴム状の物質でコーティング。1平方インチあたり2000ポンドのチカラで加圧し、1時間近く蒸気で熱して成型する。「取り出されたときには、このハンドルはまだ軟らかいが、すぐ火打石のように硬くなり……」最後に研磨され、鋼鉄の十字棒をはめ込み完了。コストは木材のときの約半分だったという。間違いなく当時のT型のハンドルは藁が使われていたのだ。

このゴムそっくりの素材は、「フォーダイド」を呼んで、電気系統など約45の自動車部品に使われたという。それにしても……成功者とはいかに貪欲な存在だということがわかる!?

よく知られるように1908年デビューしたT型フォードは、その後19年間で1500万台以上を売り上げ、アメリカ合衆国という限られた地域ではあったが、この地球上にモータリゼーションを実現させた。モータリゼーションというのは、庶民が自分たちの暮らしの中に自動車を持ち込んだことを意味する。平たく言えば「自動車のある暮らし」をほとんどの人たちが満喫したことを意味する。

愛知県にあるトヨタ博物館では『100年前のイノベーション／T型フォードが変えたこと』という企画展を見に行ったことがある。一番驚いたのは、畳2枚ほどに引き伸ばされた大きなモノクロ写真2点だ。いずれもNYの街中なのだが、ひとつは1900年の街並みで映し出されているのは馬車ばかりである。それが20年後の1920年、つまりT型がデビューして12年後のNYの街中はT型フォードで埋め尽くされている。

「T型の登場で、人やモノの移動が劇的に活発になり、都市計画やライフスタイル、それに人々の意識ががらりと変わった！　あるいは変わらざるを得なくなった！」ということが、この写真2枚が如実にモノ語っている。

朝しぼりたてのミルクや収穫されたばかりのリンゴがT型の荷台に乗せられ、街に運ばれた。農村では駆動輪のリアアクスルをジャッキアップして、そこに駆動ベルトを巻き付け脱穀機を動かしたり、汲み上げポンプを駆動させた。あるいは、休日にはT型は家族揃って郊外にキャンプに出かけさせもした。T型が人々の労苦を開放したり、楽しい時間を過ごせる手段だったのである。庶民の暮らしをがらりと変えさせた〝革命的な存在〟だった。

シンプルで、壊れにくいT型。T型を組み付けていた労働者も、少し仕事に励めば自分のものになった！

こうしてアメリカを走るクルマの2台のうち1台がT型という圧倒的人気を博した。

だがT型の終焉の時を迎える。1927年5月26日である。ヘッドライトすら付いていなかったシンプルさで売ったT型は、装備類が豊富なシボレーに負けたのだ。ギアの低さで高速走行で不利だったT型はシボレーで負けたのだ。月賦販売や、下取り販売をちらつかせたシボレーにT型は破れたのである。かつてあれほど熱望されたT型だが、庶民は、ヘンリー・フォードの提唱した質実剛健で、シンプルなT型のコンセプトに、わずか20年もたたないうちに飽きたのだ。

読みやすさ　★★　　　　　　　知識増強　★★★★
物語の楽しさ　★★　　　　　　新ネタの発見　★★★
残念なポイント「メカに詳しくない訳者のせいか、いまひとつリアリティがにじみ出ていない」

★梯久美子著『散るぞ悲しき』（新潮文庫）

―読了すると「これぞ、心に長く残る戦争文学の金字塔」。（2008年8月刊）

一時はフォーブス誌の世界長者上位にランクインし、狂乱の1980年にバブル4天王のひとりといわれた麻布自動車の会長渡辺喜太郎氏（1934年〜）の長男の渡辺春吉さんの講演を聞くチャンスがあった。春吉氏はいま、太平洋戦争の知られざる秘話を題材にして、各地で公演を開いているという。そのときのテーマは、硫黄島の栗林忠道中将（1891〜1945年）で、現代に通じる現場トップの幕引き戦略を分かりやすく解説していた。

その春吉氏は、軽井沢に、シボレー1931年式を所有。公演のタイミングでわざわざ都内まで、この100年近く前のクルマのハンドルを握りやってきたという。シボレー1931年といえば、栗林の絵手紙にもあるクルマだ。

そこで、あらためて栗林忠道中将のことを描いたノンフィクション『散るぞ悲しき』（梯久美子著）を読み直してみた。２００６年に大宅壮一ノンフィクション賞を受賞したベストセラー。栗林が、妻子にあてた手紙や直接栗林の遺族にインタビューしてまとめ上げた構成し、硫黄島の戦いの真実に迫る作品。

日本軍約2万に対し、米軍が約6万の兵士。武器をはじめ艦船などの軍事力でも米軍の圧倒的有利のなかで、島内にトンネルを掘りめぐらせ、36日間にわたる死闘を繰り広げる。はじめから破れるとわかった戦いに、栗林は、ゲリラ戦に通じる抗戦を展開することで、本土決戦を遅らせ、あわよくば米国民の厭戦気分を高め、愛しい妻や子をはじめ日本国民の生命を守ろうとした。

じつは、栗林は米国通の軍人だった。陸軍士官学校を優秀な成績で卒業した栗林は海外留学の栄誉が授けられる。大半がドイツやフランスを希望するのだが、栗林は英語が得意だったこともあり、単身アメリカ留学する。そこで軍事研究の傍ら、ハーバード大学やミシガン大学の聴講生として語学やアメリカ史を学ぶ。カナダにも武官として滞在している。

当時最新のシボレーK型2ドアタイプを手に入れ、カンザス州から首都ワシントンまでの１３００マイル（２０８０㎞）を走破したのは、１９２９年の冬だ。この長距離ドライブでは、いろいろなクルマ体験をしている。なかでも砂漠でタイヤがパンクしたとき10代後半の娘さんに、パンク修理を手伝ってもらい……「アメリカでは16歳以上なら届け出をすればすぐ運転ができ、簡単な修理はみな自分でおこなう」ことを実の兄の手紙の中で報告。さらには、栗林の身の回りを世話してくれた年配のメイドでさえ、クルマを手に入れ自動車を生活のなかで活躍させている様子（つまりモータリゼーションがすでにアメリカでは成立しているということ）を描いている。

このころ、日本の自動車事情はどうだったか？

東洋工業（現・マツダ）や発動機製造（現ダイハツ）などから3輪トラックがようやく世の中に出始めたころなのだ。すべて英国などの製品をお手本にしたものだった。日本初の自動車メーカー快進社の橋本増治郎（1875～1944年）が、ダット号を苦心の末作り上げるも、ビジネスとして成り立たず、やむなくその権利を鮎川儀介に譲り渡したのが1931年であった。それから10年後に日米大戦があり、栗林中将は終戦の年の春、硫黄島で5倍以上の米軍と対峙するのである。

筆者は、終戦後16年後に生まれた戦後っ子ではある。栗林の長男太郎氏が大切に保存していたすべての手紙を見せてもらったとき強い啓示に打たれた。そして栗林の底知れぬ魅力に直感して取材しまくり、この本を書いたという。読了すると「これぞ、戦争文学の金字塔」、そんな印象をいだいた。

読みやすさ　★★★★　知識増強　★★★
物語の楽しさ　★★★★　新ネタの発見　★★
残念なポイント　「当時の自動車社会が描かれていればさらにいいのだが……」

★折口透著『自動車はじめて物語』（立風書房）

―生き生きした物語を語りながら真意を伝えてくれる。（1989年9月刊）

どこの世界にも、この本1冊があればだいたいのことがわかる！　というものがある。簡単に言えば「虎の巻」的存在だ。

取り上げる折口透著『自動車はじめて物語』（立風書房：1989年刊）はさしずめそうしたたぐいの1冊である。だから、正直言えば読者になんだか手の内を見せるようで、ココロの隅でブレーキをかける気持ちがないわけでもない。

「虎の巻」といえば、宮本武蔵の『五輪書』が思い浮かぶ。極意をしたためたがゆえに、一度目を通しただけでは理解不能な世界。砂をかむような文字が並ぶ!?　と思いがちだが、この本は物語で語りかけるのである！　生き生きした物語を語りながら、真意を伝えるのである。

なにしろ、わずか200ページほどの1冊に、自動車の画期的な装置や装備、システムなどが綿密に記してあるのだ。

DOHCエンジン、ターボチャージャー、スーパーチャージャー、燃料噴射システム、ディーゼルエンジンといったエンジン技術、4輪駆動、FF方式、ミドシップレイアウトといったエンジンレイアウトの歴史、ブレーキ、タイヤ、ホイール、ショックアブソーバー、スターター、ワイパー、ヘッドライトといった主要自動車部品のそもそも物語、それにモータースポーツ事始めなど、簡潔にしかも血が通った物語として読ませる記事で満ちている。

ちなみに、類書に『自動車発達史・上下』（荒井久治著：山海堂）というのがあるが、こちらはそれこそ記事の羅列で、その背景やエピソードが探ることができない。が、折口さんの『自動車はじめて物語』は文字通り物語仕立てなので、読んでいてついつい引き込まれ、自分が何を探していたのかを失念することがあるほど。

メカニズムを説明するが読ませる工夫が散らばる本……。その種明かしは、こうだ。

筆者・折口さん（本名：伊藤哲）は、雑誌「モーターマガジン」の編集長を務めたのち、翻訳者として早川書房はじめ数々の出版社で本を書かれている。名うてのストーリーテラーなのである。１９２５年（大正14年）生まれで、奇しくも三島由紀夫とおない歳なのである。

ただ、20数年前に上梓した岩波新書の「自動車の世紀」は、一般向けに書かれたものだとしても、折口さんらしからぬ深みに欠けたまとめ方でちょっと落胆した。でも、そのぶん『自動車はじめて物語』が余計輝いて存在している。

読みやすさ　★★★　知識増強　★★★★★
物語の楽しさ　★★　新ネタの発見　★★★★
残念なポイント「無いものねだりだが、政治や社会背景がほとんどにじみ出ていない」

★富樫ヨーコ著『ポップ吉村の伝説』（講談社）
―スーパーバイクのチューナー吉村秀雄が主人公の物語。（2002年7月刊）

単行本で出たころ（1995年）からこの本の存在は知っていたのだが、オフロード専門だった書評子には縁遠い世界としてかたくなに避けてきたところがある。トライアル競技はゼロ（スタンディング状態）からせいぜい時速10キロの世界だが、ロードレースが新幹線並みの超速だ。同じモータースポーツだが、別物だという偏見があった。

手に取ったキッカケは、前回の中島知久平つながり。つまり航空機つながりでポップ吉村に興味をいだいたのだ。

吉村秀雄の人生は波乱に満ちたものだ。10代のころ予科練（海軍飛行科練習生）となり霞ヶ浦で練習機（三式陸上初歩練習機：エンジンは空冷星型7気筒）で訓練中、上空で火災に遭い800mの上空で脱出しパラシュートを開こうとするも、開かずようやく開いたのが上空100m。重傷を負うも九死に一生を得て、傷が癒えてのち航空機関士として生き、1945年8月15日の敗戦を迎える。

戦後、地元九州で進駐軍主催のバイクのドラッグレースに出会い、選手として、そののちチューナーとしての道を歩むことになる。バイクのレースの世界にのめり込むのである。

〝レースの世界＝華やかな世界〟と思いきや、泥臭い家族経営の世界。しかも集合マフラーを世界で初めて発明し大成功すると思いきや、それがキッカケで悪質なアメリカ人に騙される。金銭的だけでなく精神的にも落ち込んだり……でも、強いココロを持つ娘たちが吉村さんを支える。そして鈴鹿8時間耐久レース（いわゆる8耐だ）が主戦場。当時向うところ敵なしの大バイクメーカーのホンダに挑戦することになる。家族ぐるみのいちチューナーが、大資本ホンダのワークスチームをキリキリ舞いさせるのである。

読み進めるうちに……登場する人物のなかに、バイク雑誌の編集者時代、直接出会ってインタビューしたり、説明を受けていたことを思い出した。吉村さんの娘婿・森脇エンジニアリングの森脇護氏やスズキの横内悦夫氏、そしてホンダの入交昭一郎氏など。不思議なことに、いずれも自分の言葉で自分の世界を語れる男ばかり。

この本はいくつものエピソードを教えてくれるが、なかでも面白かったのが、スズキのＧＳＸ１１００カタナの空冷4バルブエンジンが高出力による熱負荷で、シリンダーヘッドに歪みが入るなどの不具合に苦心するくだり。ディーゼルエンジンの常道であるピストンクラウン（ピストンの裏側）にオイルを吹き付け解決するのだが、その前にピストンメーカーであるドイツのマーレーを訪ねるところがある。フェラーリやポルシェなどスポーツカーのピストンづくりで有名な、あのマーレーだ。当時のマーレーは、家族数名で細々と生業をしていたリアルな様子が書いてある。つまり、現在の有名メーカーも昔は、怪しげな新興企業。いまの言葉でいえばスタートアップ企業だったのだ。少し長いが、機械と人間のドラマが楽しめる一冊だ。

読みやすさ　★★★★　知識増強　★★★★
物語の楽しさ★★★　新ネタの発見★★★
残念なポイント「長すぎる。半分近くに縮められるはず」

★豊田穣著『飛行機王・中島知久平』（講談社文庫）
――飛行機と自動車、その2つの意外と近い関係性に覚醒させられ、発見も多い本だ。
（1989年8月刊）

よく知られているように、戦後日本の自動車産業は、戦前戦中で活躍していた飛行機野郎たち（というか、飛行機の技術者）の手で育っていったという歴史がある。日産に吸収されたプリンス自動車しかり、スバルの富士重工しかり、トヨタで活躍したカローラの主査をした長谷川龍雄……本田宗一郎などは子供の頃（大正6年）浜松にやってきたカーチス・スミスの曲芸飛行を見て、空に憧れたのだ。

となると、日本の航空機王・中島知久平をターゲットにしたい。中島飛行機を創設した男である。名前は知っていても、彼がどんな男で、どんなことをおこなったのかとなると、あまり知られていない。かくゆう私も、スバル（スバルは中島飛行機が戦後ＧＨＱの命令で分社化したうちの一つ）を通して中島飛行機を知るものの、まじめに勉強してこなかった。

調べてみると、中島知久平の関連本は、比較的多くある。お勧めは、小説家豊田穣氏が書いた本書が面白く読める。

筆者の豊田さんがもともと旧海軍の飛行兵だったせいもあるが、世界や日本の航空史のことにも触れているので、実にパノラマチックな世界が展開する。何人もの女性と関係しながら一度も結婚しなかった中島知久平。その人間的魅力も堪能できる。10数年海軍で活躍し、そののち個人単独で飛行機作りに励む、そんなとてつもないバイタリティあふれる男なのだ。

ちなみに書評子がすむ近くの横浜の磯子には日本初の飛行艇専用の民間飛行場があり、サイパンやパラオまでの飛行艇便があったこと。金沢区富岡には横浜海軍航空隊の名残を伝える慰霊碑を見ることができる。そこから数キロの野島には航空材を隠していた掩体壕がいまも残っている。その対面には、現在日産追浜（横須賀）の工場があり、日本初の飛行場があった。そこが現在テストコースになっているらしいことなど、現在と過去をむすびながら楽しく読める。初期の飛行機のモノづくりの苦労を知りたいところだが、筆者の豊田さんはその分野が不得手か興味がなかったようで、ほとんど描かれていないのが残念。

飛行機と自動車、その2つの意外と近い関係性に覚醒させられ、発見も多い本だ。

読みやすさ　★★★★　知識増強　★★★★
物語の楽しさ★★　新ネタの発見★★★★
残念なポイント「メカニズムと人間がまったく描かれていない」

★藤原辰史著『トラクターの世界史　人類の歴史を変えた「鉄の馬」たち』（中央公論新社）

――この本の面白さはトラクター愛に満ち溢れていることだ。（2017年9月刊）

トレーラーとトラクターはよく取り違えられるのだが、トラクターはあくまでも牽引する側の車両。トレーラーは、牽引される、つまり非牽引車（みずから駆動するメカを持たない！）のことだ。

この本は、おもに農業用のトラクターを軸にした世界史的視野のユニークな新書だ。島根で育ち京大で農業系の学問を修めただけに、トラクターがどれほど人間の食に大きくかかわったのかをソーカツ的に展開。読み手は、知らないことだらけに目が皿になる!?

いわれてみればなるほどなのだが、農業用のトラクターは、後部にいろいろな目的のアタッチメント（付属物）を取り付け、地球の表面を耕す。地球から見ると、ほんのわずかな薄皮をひっかくに過ぎないのだが、人間から見るとそれは自然から食料を継続的に得るための涙ぐましい、文字通り生死を分ける営みなのだ。読み進めると……思わず「ホ〜、そういう考え方もあるのか！」と天を仰ぐ。

そもそも種を蒔く前に、土を掘り起こす。耕すことで収穫物の質と量が劇的に向上することを、農業を営む人たちは洋の東西を問わず、経験的に知っている。土を耕す行為は土壌の下部にある栄養素を上部にもたらし、土壌内に空気を取り込み保水能力と栄養貯蓄能力を高め、さまざまな微生物の働きをよくし、活性化させる。このことの理屈は近代の科学的考察で証明された。カルチャー（文化）が土を耕すことに由来していることから分かるように、このことは、はるけき昔から農作業の中心に据えられてきた、というのだ。なるほどだ。

トラクターが農業世界にもたらしたのは、言うまでもなく機械化だ。となると、これまでの鋤や鍬の人力による手作業から、農民を開放させるに十分だったか？　逆に機械化により借金を背負い込み苦境に立った農民もいた歴史の皮肉。

トラクターのルーツは、イギリスとアメリカにあるという。

当初は、蒸気エンジンを駆動力とする超大型のトラクターだった。自動車の歴史同様、やがて内燃エンジンを使ったトラクターが登場し、20世紀のはじめにアメリカのインターナショナル・ハーベスター社やマコーミック社などが台頭。T型フォードでアメリカの道路を埋め尽くしたフォード車は、その勢いに乗って1917年（T型デビューから9年目）にフォードソンという名のトラクターを登場させている。名前から想像して、乗用車フォード号の息子という位置づけだったようだ。

ところが、このフォードソンには大きな欠陥があった。ＰＴＯ（パワーテイクオフ）といういろいろな作業に対応できる仕掛けがなかった。それに乗り心地がひどすぎた。乗り心地については、T型を試乗した経験から保証できるほど、振動がひどい。まるでいまにも死にそうな老人役の志村けんに背後から羽交い絞めに合うほどの振動が全身に及ぶ。

この本の面白いところは、トラクター愛に満ち溢れている点だ。エルビス・プレスリー（1935〜1977年）が数台のトラクターを保有して時々、運転して楽しんでいた事実のほかに、小説に登場するトラクターを逐一紹介してその時代でのトラクターへの思いを伝える。たしかに、機能に徹した道具は、見る人の目には下手な美術品以上の美しさを発揮するものだ。

読みやすさ　★★　　知識増強　★★★
物語の楽しさ　★★　　新ネタの発見　★★★★
残念なポイント「メカニズムの側面の記事がほとんどないのが悔やまれる」

★都築卓司著『ベンツと大八車　日本人のアタマVS西洋人のアタマ』（講談社）
―PCはおろかスマホもなかった時代の科学技術論。（1977年11月刊）

ノーベル物理学賞を受賞した朝永振一郎氏に師事した物理学者の日本の科学技術文明エッセイである。30年ほど前、「ベンツと大八車」という刺激的なタイトルに惹かれて手に入れた単行本。ところが、ベンツや大八車のことは、いくらページを繰っても出てこない。

「ハハ〜ン、これはろくに熟読しないで、エイとばかり売れるタイトルをひねり出した担当編集者のせいだな。著者には、タイトルをつける権利が日本ではないようだから……。サブタイトルの〝日本人のアタマVS西洋人のアタマ〟が先にできて、これだと凡庸なので、一発カマスうえで〝ベンツと大八車〟を大タイトルにしてしまったに違いない！」

そんな夢想をついしてしまったが、当たらずとも遠からずだ。

じつは筆者の都築卓司氏（1928〜2002年）は、同じ講談社が発行するブルーバックス・シリーズの初期のころのメインライターだった。ブルーバックス・シリーズといってもピンとこない読者もいるかと思うが、自然科学や科学技術のテーマを一般読者向けにやさしく解説した新書シリーズだ。1963年創刊で、2022年時点ですでに2200点もあるという。都築さんは、このシリーズで「超常現象の科学」「不思議科学パズル」「タイムマシンの話」「誰にでもわかる一般相対性理論」など20冊近くを読者に届けている。

『ベンツと大八車』は、いまから半世紀近く前に出た本。

だからPCはおろか、スマホも影も形もなかった時代の科学技術論だから、かなりのズレがある。逆に言えば、そこになんとも言えない面白みを見つけることができる。いまやグローバル経済で、人の行き来が頻繁で、国別文明論や人種別技術論がかなり怪しくなりつつある。だから一昔前、ふた昔前の日本人がどういう価値観で生活していたか？　がわかる。

この本が出た時点からさかのぼること33年前の1944年末、日本がアメリカとの戦争で、追い詰められた日本の軍部は、2つの切り札を具現化しようとした。ひとつは中島飛行機の粋を競った「富嶽《ふがく》」という名の未完の重量級爆撃機で、アメリカ本土に爆撃をする取り組み。もう一つは、なんと直径10mほどの「紙風船」をつくり、そこに焼夷弾をぶら下げ、ジェット気流に乗せて直接アメリカ本土空襲をおこなうというものだ。

この風船爆弾の縮尺模型が、江戸東京博物館に展示してあり、たまたま同行したイラク戦争で狙撃兵だったアメリカの元兵士に説明。当方のテキトーな説明では不十分とばかり英文の説明文を読み始めると笑い転げ始め、しばらくその場から動けなくなった。この風船爆弾、楮《こうぞ》の和紙を3枚に重ね、こんにゃく糊で球状に仕上げたもの。組み立てるのに、広くて天井が高い場所がいるため、東京宝塚劇場、両国の国技館、浅草国際劇場などが使われたという。千葉や福島、茨城の海岸から計約9300個も放球され、うち約1000個ほどがアメリカ大陸にいきつき、6名ほどの死者を出したといわれる。

いま思えば、こんなコスパ（費用対効果）の薄い、素人じみた風船爆弾を具現化して実際に飛ばした日本人。ここに現在の日本人にも通じる「手抜きを嫌う性癖」を見ると筆者は指摘する。たしかに胸に手を当てて考えると、わが風船爆弾は、少なからず数個ある。たとえば、のべ半世紀以上もだらだらやっている英語学習だ。英語脳になれとか、例文をとにかく暗記しろとか圧がかかるも、ひとつもネイティブには近づけない。

日本人の自画像とは？　日本人に科学する力があるのか？　それをこの物理学者は、スマートに解き明かしてくれる。

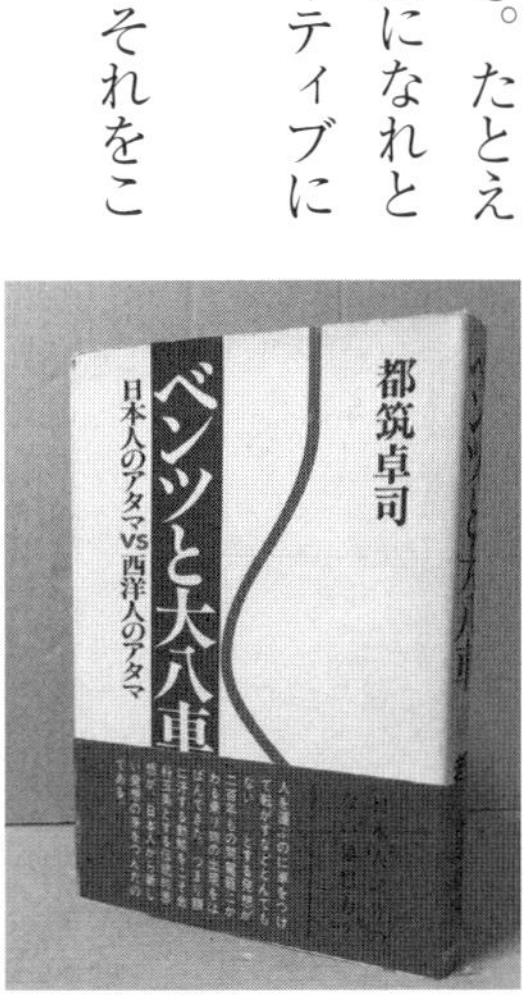

読みやすさ★★★　知識増強★★★★
物語の楽しさ★★★　新ネタの発見★★★
残念なポイント「やや舌足らずな記事というか、取材不足の記事がある」

★斉藤俊彦著『くるまたちの社会史―人力車から自動車まで』（中公新書）

―自動車が登場する以前の日本人の移動手段は。（1997年2月刊）

大正12年（1923年）9月1日に起きた関東大震災をきっかけに、壊滅状態の市電（東京は当時東京市だった）に替わりフォードＴＴの家畜輸送用シャシーをつかった11人乗りの路線バス約８００台が東京市民の新しい足として登場。このにわか仕立ての小型バスが日本のモータリゼーションのキッカケとされている。日本人が〝自動車という乗り物を〟身近にしたはじめの一歩。

それ以降の日本の自動車をめぐるヒストリーは、いろんなところで書き描かれている。でも、それ以前、つまり、機械的動力による乗り物が登場する前の日本の交通事情というのは、あまり語られてはこなかった。

この本は、総ページ２８０ページのうちおよそ前半分が、自動車登場以前の日本の乗り物について詳細に語る。著者は、昭和４年生まれの大学の先生。しかも社会学の立ち位置で、技術的好奇が向けられていない。だからか、いささか退屈な講義を思い浮かぶ筆の運びとなるが、我慢して読むと面白いところがなくもない。

劈頭《へきとう》に提示する話題が、超ユニークだ。

いきなり、江戸城下の侍たちの〝年始回り〟の実態を読者に突き付ける。ここからは著者の夢想を交えての話だが……上役が約20名いたとして、たとえば本郷から、小石川、白山、牛込、四谷、青山、麻布、白金、墨田川（大川）を越え深川、本所と足を運んだであろう。おおむね、いまの山手線の内側ではあるが30～40㎞、ときにはのべ50㎞を越える侍もいたはず。時速４㎞（１里）で日に10時間も歩く羽目になる。２日３日かかる難事業が正月早々の振る舞いとなった。日ごろエクササイズしない限り文字通り〝足が棒になった侍〟もいたに違いない。

このエピソードを読んで徒歩で戦う徒士《かち》という下級武士の存在を思い出す。足軽よりは身分は上だが、武士世界のヒエラルキーの底辺。自転車もバイクも、クルマもなかった時代、ヒトはA地点からB地点に行くには、自分の足で歩く必要があった。この当たり前の大前提を著者は、まず読者の胸に刻ませる。だから、明治期に自転車が欧州からもたらされると、移動の選択肢が増えたおかげで、人々は少し解放感に浸ったかもしれない。そして野心あふれる日本人は、乗り合い人力車なるものを作り、事業展開しようとした。2人の車夫で4～5人の乗客を運ぶというものだ。これはリアカーでの荷台に人を乗せ運ぶのと同じで、とても長距離輸送は無理。

そこで、今度は長距離の馬車輸送に切り替えた。これは郵便輸送を母体にしてのビジネスモデルで、たとえば横浜から小田原間、東京・八王子間、東京・高崎間、東京・宇都宮間など、数年間は続いた。

1人～2人乗りの腰掛式の人力車は、古い映画で出てくる、あるいは浅草や鎌倉でいまも観光用で見かける。これは、明治8年に11万台、明治29年にはピークの21万台に増加している。でも、さきの馬車による長距離輸送も、この人力車も鉄道網の発達で消し飛んでいく。

一方明治9年ごろから、自転車の数が増え、当時の若者の心をとらえていった。丁稚、小僧といわれた店員や職人たち、それに書生（学生）たちが自転車熱に浮かされたのだ。仕事を終えたこうした青年労働者は夕食もそこそこに貸自転車屋に飛び込み、自転車のペダルを漕ぎ、移動の楽しみを味わった。ところが、当時の自転車は、ヘッドランプは付いていないし、街灯もない時代、暗闇のなかあちこちで転んだり、ぶつかったりの悲喜劇が繰り広げられた。

17歳の薬屋の店員・熊吉は、休暇を待ちかね、秋葉原の貸自転車屋で自転車を借り、実家のある新宿に行き、次にはるばる千住まで遠征。ここまではおよそ25㎞ぐらいか？　ところが途中で、モモが腫れ上がりペダルをこげなくなる。当時の自転車はいまどきの自転車の2倍近くもある重量級の実用車なので、漕ぐ力も半端なかった。としても、17歳の熊吉君、日ごろの運動不足が祟ったようだ。仕方がないので、人力車を雇い自転車と相乗りで秋葉原まで、返却に行った。「余計な銭を使ったうえ、次の日の仕事に差し支える」そんなトホホなエピソードを当時の新聞（明治9年）が伝えている。

明治も40年代に入ると、欧州から自動車がもたらされる。目の玉が飛び出るほど高価なおもちゃ。皇族や富裕層が乗り回した。東京市だけで61台。外国人公司らの9台を含むので、日本人所有のクルマはわずか52台。面白いことに、そのなかに、蒸気自動車が3台、電気自動車（オーナーは東京電燈の社長佐竹作太郎）が1台あった。

いっぽう、この新手の移動手段である自動車を使いバスに仕立て一発大儲けしようとする野心家が登場する。

乗用車を改造し、定員7～8名のマイクロバスに仕立てるが、当時の悪路と、過重な負荷で、クルマは故障続き、しかも雇い入れた運転手は未熟なので事故も多かったという。そして修理部品は容易に手に入らず、満足に運行できず、ことごとく撤退していったという。

いま自動車があふれる日本の道路を剥がしてみると、こうした乗り物版ジュラシックパーク状態の歴史が展開されていたのである。そこにはぼくたちのオジイチャンやヒーオジイチャンたちの生活絵巻物を見る思いだ。

読みやすさ　★★★　知識増強　★★★★
物語の楽しさ★★★　新ネタの発見★★★
残念なポイント「社会学とクルマの可能性でさらに第2弾を」

テクノロジー、整備&開発

★伊東信著『イラスト完全版　イトシンのバイク整備テク』（講談社プラスアルファ文庫）

―バイクの修理はこんなにやさしく、楽しくできるよ！。（2011年12月刊）

〝失敗は成功のもと！〟失敗すれば、その原因を反省し、かえってその後の成功につながる。いまや、この素朴なことが信じられない時代になった。資本主義社会が成熟し、モノがあふれているから、あるいは現代人はせっかちになり過ぎて回り道ができなくなったからかもしれない。

とはいえ、この300ページ足らずの文庫本は、一行もそんなことを書いてはいない。分かりやすい文章と愛のあるイラストで、バイクの修理はこんなにやさしく、楽しくできるよ!! とすべてのページで謳い上げている！　イトシンさん（本名：伊東信／1940〜2010年）の人柄がにじみ出た懇切丁寧、無駄な言葉を用いず、面白くてためになる実用書のお手本のようだ。

壊れたら修理して長くバイクを楽しむことこそが、環境にやさしくカーボンニュートラルにつながる行為。そういうふうにはイトシンさんは正義を大上段に振りかざさない。意識すらしていなかった。単にその方が楽しいから。よりバイクとユーザーとの距離が近くなる。

しつこいようだが、この本が出て20年過ぎて素直に読むと……SDGsという言葉が飛び交う、いまの時代の欺瞞性に警鐘を鳴らしていると読めなくもない。

ここで書評子・広田の個人的体験を。バイクに本格的に付き合いだしたのは、中古で手に入れたホンダCB250からだ。このバイクを通していろいろなことを教わった。

フロントフォークのクッションオイルを交換するためネジ径M6ほどの小さな+ネジを緩めようとして、頭がもげたトラブル。完全にお手上げとなる。当時ホンダはホンダSF（サービス・ファクトリー）という自前の整備工場を全国に持っており、そこに駆け込んだ。

そこの整備士は冷酷に、こう云った。「お客さん、これはフロントフォークを交換するしかないです。修理代は4～5万円はかかります」。10万円で手に入れたバイクの修理費が購入費の半分！　そのときの気分は、まるで死刑を宣告されたような気になった。そこで、なんとか頭のもげたボルトを取り外すべく、いろいろと聞いて回った。そしてポンチとハンマーで根気よく緩む方向に力を加え、緩め、2日がかりで取り去ることができた。そのときの喜びは一生忘れない。

すり減ったリアタイヤの交換作業も、印象強く残っている。当時はチューブ入りタイヤ。タイヤレバーを使い古タイヤをリムから取り外し……新しいタイヤを装着する……。この作業は、ボルトを緩め取り外す、といった工程ではない、数々のスキルが要求される作業。なかのチューブをタイヤレバーで傷つけないとか、リムとタイヤの耳を均一に密着させるため、石鹸水を塗布するとか……。言葉だけでは通じない、言うにいわれない技が必要なのだ。これはどこか楽器の演奏に似ていて、ある程度訓練しないとうまくいかない。つまり1回2回失敗しないとゴールまでたどり着けない、そんな世界。

じっさいには上手な人の作業をじっと観察し、その模倣をする。もちろんそれでも数回失敗するのだが、その失敗の上に成功が見えてくる、そんな世界。むかしは、そんな作業を見事にやってのける、頼もしいお兄さんが回りにいた。なんだか、そうしたお兄さんの手際いい作業を見ると、まるでマジックを見せられている気分だった。

イトシンさんは、じつは、書評子にとって頼もしい先輩のひとりだった。バイクや整備の楽しみや深みを教えてくれたのも、イトシンさん。むかしの工具をめぐる話をしてくれたのも彼だった。『ヤングマシン』というバイク雑誌の編集部員のときは、企画でツーリングに出かけたものだ。なかでも2日間の岩手で展開されたイーハトーブ・トライアルではずいぶんお世話になった。モノにこだわらない、生き方も示してくれたように思える。彼ほど読者を大切にしたライター兼イラストレーターもいなかった。編集者時代に「ヤング・ジンマシン」（蕁麻疹をもじった自嘲気味なタイトル）というイトシンさんのファンクラブに、一度も参加できずに終わったことが残念。イトシンさんの話は、実は彼が書いた記事の3倍ぐらい面白かった。いま思うと、その面白い話を浴びるほど聞いていた。〝イトシン語録〟としてまとめればよかった、と悔やまれる。

読みやすさ ★★★★　知識増強 ★★★★★
物語の楽しさ ★★★　新ネタの発見 ★★★
残念なポイント「イトシン語録があればもっといい」

★前間孝則著『ホンダジェット　開発リーダーが語る30年の全軌跡』（新潮文庫）

―宗一郎にも秘した社内極秘研究プロジェクトがあった！（2018年12月刊）

技術ドラマを丹念に追いかけ、みずみずしいタッチで描くことで多数の読者を獲得してきた元ＩＨＩジェットエンジン設計者・前間孝則氏の真骨頂ともいうべき世界である。本田宗一郎の子供時代からの夢であった航空機の製造は、宗一郎が鬼籍に入ってから10数年の年月が経っていた。ホンダジェットは実はアメリカでホンダが設立した会社でつくられた。むろんエンジンの開発は埼玉の和光だった。

実は、書評子は和光研究所でのジェットエンジンを取材しており、羽田に初めて飛来した２０１５年4月のホンダジェットの雄姿を写真にとらえている。この現場に前間孝則氏の顔もあったと思う。このとき、はじめてプロジェクトリーダーの藤《ふじ》野《の》道格《みちまさ》氏を知った。意外と若いことに驚き、先端部のデザインが「欧州旅行中に見かけたフェラガモのヒールからヒントを得た」という挿話を聞くに及んで、蓮っ葉で、ずいぶん軽い感じを受けた。

ところが、今回改めて新潮社の文庫でホンダジェットの秘密を知るに及んで、自分の知識不足があらわになった。

クルマの部品数が約2万点で、航空機がその１００倍の約２００万点ということは知っていたが、自動車開発と航空機開発では、まったく次元が異なるのである。アメリカの航空局などにお百度参り以上の安全の担保を取るための資料提出やデータづくり、その内容を知るに及び、GE，P&W（プラット&ホイットニー）、ロールスロイス社の3社が約7割を占めている世界のジェットエンジン市場がいかに巨大な岩盤で、その岩盤をいち東洋の自動車メーカーが食い込むことの凄味をこの本で味わった。三菱重工のMRJ（リージョナル・ジェット）が足踏みしついに頓挫した背景がなんとなく理解できた。

この本は、藤野さんを核に、開発秘話がいくつも知ることができる。なかでも、航空機ビジネスは、航空機自体を販売することよりもその後のメンテナンス（航空機エンジンは、高温、高回転、高負荷で痛めつけられるので、定期的なオーバーホールが必要となる！）での収入がクルマとは比べ物にならない。笑えたのは、航空機開発がかなりめどが立った時期、宗一郎がまだ元気だったころ、そのことを秘密にしていた点だ。宗一郎に知られると、彼の性格上、拡声器のごとく世間にしゃべってしまう恐れがあることを知っていたからだ、というのだ。だから、このことはごく一部のホンダマンしか知らなかった！　社内極秘研究プロジェクトであったのだ。

読みやすさ　★★★★　知識増強　★★★★
物語の楽しさ　★★★★　新ネタの発見　★★★★
残念なポイント「開発者のどろどろした思いや葛藤があればもっといいのだが」

★中嶋靖著『レクサス／セルシオへの道程―最高を求めたクルマ人たち』(ダイヤモンド社)

―一番元気だったころのトヨタのモノづくりの真髄が理解できる。（1990年10月刊）

時間ほど残酷なものはない。すでに四半世紀以上前にもなる。1989年に発売されたレクサスLS400（国内はセルシオ名）の開発物語である。1989年といえば、東西の冷戦崩壊の記念すべき年。奇しくもこれって、トヨタがベンツやBMWの独壇場だった真の意味の高級乗用車市場に名乗りを上げたタイミングと重なる。

開発当初の80年代初めはトヨタのグローバルシェアは8％ほどだった。世界シェア10％を目標にする〝グローバル10（テン）計画〟の大きな柱が世界レベルに挑戦するプレステージカーの開発。開発期間6年、携わったエンジニア数3700名以上、クレイモデル約50台、プロトタイプモデル製作数450台、全走行テスト350万キロ以上という前代未聞ともいえる時間とお金をかけた。

通常新車開発の投資額は400～500億円といわれるが、LS400はその倍近い750億円が投じられた。いわばビッグチャレンジ。開発陣には、トヨタの第2の創業に近い覚悟とやる気が求められた。生みの苦しみと新しい地平を望むことができる喜び、この2つが入り混じる最高を求めた人たちを描く群像劇。当時、メルセデス・ベンツが、100年かかってやってきたことをわずか6年か7年でやり遂げることに危惧を抱く人もいた。それはある意味「金に糸目をつけずに開発しろ」ということ。入社からこの方一貫してコスト計算が頭から離れないエンジニアたちは、主査鈴木一郎氏のこの言葉にたじろぐ。自由に羽をのばし発想することだが、それまでの自己を否定することにつながるからだ。各分野で求められるが、それにはしばしの時間がかかった。

面白いのは、この本を読み進めると、ふとアメリカのクルマづくりの凋落の原因に気付く。まるで推理小説だ。70年代まであれだけ元気で学ぶところが多かったビッグ3（GM、フォード、クライスラー）がなぜ影が薄くなったのか？　アメ車はそのころ8年ごとのモデルチェンジだったのだが、労使関係がうまくいっておらず、巨額の投資をしたとしても現場のモノづくりに生かされなかった。

一方日本は、とくにトヨタの場合、比較的労使関係がうまく推移していたせいか、労使ともにいいものをつくろうというイディオロギーで一致、同じ方向に協力してベクトルを向けることができた。この本には書いていないが、1970年代までトヨタと肩を並べていた日産が、トヨタの後塵を浴びる屈辱にまみれたのは、労組との長いやり取り、つまり内部闘争に無駄にエネルギーを使い果たした結果だった。

じつは、書評子は、この本に頻繁に出てくる主査の鈴木一郎さんに車中インタビューをしている。小淵沢あたりでの試乗会があり、いきさつは忘れたが、都内に戻るときその鈴木さんを新宿駅まで同行したことがあり、その車中で雑談を交えた質問を繰り広げたのだ。

当時、バブルの頂点で都内のホテルでは毎週ほど新車発表会が開催されていた。解体屋さんに行くと走行キロ3万キロとかなかには1万キロも走らないクルマが解体されていた。人間でいうと小学生1年生ぐらいで無理やり首を絞めて殺しているようなものに見えた。中古車業界では走行10万キロ越えた車両を過走行という烙印で価値のないクルマのレッテルを貼られ、よほど価値のないクルマ以外は解体に回されていた。ある軽自動車開発の主査に「ご自分の開発したクルマはどのくらい使っていただくというイメージで開発していらっしゃるんですか?」そんな少し意地悪な質問をしたところ、「そうですね、次のモデルチャンジで買い替えてもらいたいので、4年ですね」との答え。「やはり」という思いと絶望感の複雑な気分が襲い掛かり、二の句がつけなかった。海外では、20年、30年は当たり前、走行数40万キロのクルマが直しながら平気で走っている当時、これが日本の現実だった。

こうした背景があり、クルマの寿命というのに大いに関心があったので、鈴木さんに信頼・耐久性について事細かく聞いたものだ。多くの本質に迫る印象的なフレーズを引き出した。

「クルマというのは、たとえば車内のエクステリアの素材、トリムならそのトリムが変色したり、破損したりするとユーザーはクルマ全体に嫌気がさすものなのです。全体は同じように劣化すれば、人はいい味が出たとして認め、長く愛用してくれるんです」当時乗っていたクルマ（N社製6人乗りSUV）のドアハンドルが退色したり、ステアリング・ホイールの外皮が鉄芯とはがれブワブアして、外皮に数カ所にわたりカッターナイフで切り込みを入れ内部に接着剤を注入し、だましだまし使っていたので、その辺は痛いほど理解できた。「ですから、インテリアの樹脂製品は、すべて同じサプライヤーさんにお願いしたんです。それに、クルマ一台ごと熱砂攻撃が厳しいアリゾナの砂漠に置いていて、その劣化具合を観察しているんですよ」。当時としては、そこまでやるか！　という印象だった。

この本には、アリゾナだけでなく、高温多湿のフロリダにも一台置いて、劣化具合の観察をしているという。熱砂攻撃と高温多湿の2つの地獄のなかでの長期にわたる耐久試験（あれから30年以上どうなったのか?）。それだけではなく、米国本社では6〜7年使った外国車を買い入れ、これをトヨタ本社に持ち込み、96項目の点検項目ごとの品質変化をチェックしている。ここで判明したメッキ部分の艶の劣化をふまえ、LS400では、クローム・メッキの厚みを従来の8倍にしたり、車内のインテリアの劣化を防ぐため熱線反射ガラスを取り付けて日光を反射させる、さらにはボディは通常4層程度なのだが、6重塗装にしているという。

その鈴木主査が、長くモヤモヤしていたひとつのコンセプトが、氷解するところが実に興味深く描かれている。そのコンセプトというのは「高度の機能を備え、かつ人にやさしいクルマ」。高度の機能とやさしさがどうしても同居できなかった。それはアメリカ各地に単独旅行をしたときに、偶然答えを得ることができた。答えがギリシャ・ローマの美に突き当たる……。これ以上は、ネタバレになるので深くは言及しないが、意外や意外それは奈良時代の運慶の作品にあった。いまやEV開発でお尻に火が付いた感じもあるが、一番元気だったトヨタのモノづくりがかなり理解できる本だ。

読みやすさ　★★　知識増強　★★
物語の楽しさ　★★★　新ネタの発見　★★★★
残念なポイント「メカに強くない筆者ゆえか、寸止めになっている箇所がある。レクサスは、トヨタブランドとは別のプレミアム路線を成功させたのだが、サービス、つまり整備の面での工夫に具体性が書かれていない」

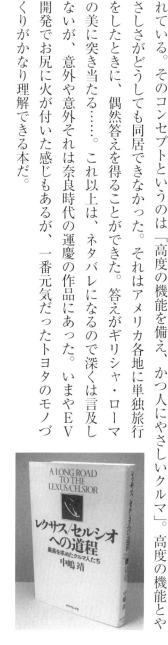

★松本英雄著『カー機能障害は治る』（二玄社／NAVIブック）
―イマドキのクルマオーナーが読んでも半分も理解不能？（2004年1月刊）

クルマのユーザーを読者としたトラブル対処法をまとめた本だが、タイトルがユニークなのでつい手にとって読んでみた。わずか140ページだし、こなれた文体なので数時間もあれば楽々読める。ただ、ある程度自動車のメカニズムになじんでいる読者が対象なので、免許取りたての初心者が読んでもたぶん半分も理解できないかもしれない。

TVが各家庭にゆきわたった1957年に、社会評論家の大宅壮一氏がこう言った。「テレビというメディアは、非常に低俗なモノであり、テレビばかり見ていると人間の想像力や思考力を低下させてしまう」。これを一言で〝一億総白痴化〟。これに松本清張が〝総〟をつけ「一億総白痴化」という言葉が流行語になった。この伝でいくと、エンジンルームさえ開けたことがなければ、ガソリンさえ入れれば走ってくれるとノー天気に考えているイマドキのクルマオーナーは、「一億総メカ無知族」とでも命名できそう。

その背景はいろいろある。まずメカ知識などひとかけらも持たなくても、とりあえずクルマをあやつることができるからだ。いまどきのクルマは、30年40年前のクルマに比べりゃ、とんでもなく信頼耐久性が高くなった。

70年代の中古車からスタートした書評子は、かなりオーバーに聞こえるかもしれないが、ほぼほぼありとあらゆる考えられるトラブルを体験してきた。

今どきのカーオーナーはたぶん以下の話は大部分理解できないとは思うが、あえて述べる。

メカニズムが消えてしまったがディストリビューター（配電盤）内のコンタクトポイントをバラシてすり合わせをしたり、ストロンバーグ式のツイン・キャブレター（気化器）の調整をしたり、走行中ヒーターホースが破損してオーバーヒートしたエンジンをだましだまし20キロ先の自宅ガレージまでようやく走らせたり。バッテリーを買うお金がなく、やむなく坂の上からいつも押し掛けでエンジンをかけていた。

わざとエンジンオイルを多めに入れて、不具合になるのを試してみたりもした。数十キロ走ったら突然エンジンがぐずり出し、路肩にクルマを止め、メガネレンチ片手にクルマの下にもぐりオイルを適当に抜き、そしておもむろにトランクから予備のスパークプラグに交換して、何事もなかったようにエンジンをかけその場を立ち去る。……振り返ると、若気にいたりで、なんだかトラブルを楽しんでいた気がする。見方を変えれば、犯罪でいう「未必の故意」に通じる行ないかもしれない!?

もともとメカニズムに弱かったのだが、こうした体験で素人ながらも徐々にクルマが理解できるようになった。

この本の筆者も、イマドキのクルマオーナーの多くは、クルマにメカニズムに不感症になっていると説く。早い話なにも知らなくて、クルマを使っている、ある意味怖い状態。これを少しでも是正してみると、ほら！　もうひとつの新しいクルマの地平が見えてきて、楽しいよ！　と言っているのである。

この本にも、いくつもの武勇伝が書き連ねている。

たとえば友人のアルファロメオの旧車で、電気系が弱いクルマに乗っていて、ボディ電装のライト類やワイパーを動かすと電気が消耗して、電気の持ち出しが多くエンジンが止まる恐れがあるので、素早くライトを点けたり消したり、ワイパーも最小限で使うだけにするなど涙ぐましいオーナーの動きを面白おかしく描いている。まさに旧車あるある、である。

「ホイールアライメント」の説明は文字どおり、簡にして要である。そもそもクルマは走るに従いサスやシャシーで吸収しきれない路面からの突き上げを受けゴムブッシュや取り付け部のひずみが生じる。出荷時のアライメントに狂いが生じるのである。これって年齢を重ねると膝や肩や首が動きづらくなる人間と同じ。

クルマの場合、タイヤが偏摩耗したりハンドルが左右に取られる、という不具合につながる。高級車に多いマルチリンク式サスは結合部が多いので細やかなセッティングができる半面、可動部が多いので狂いも生じやすい。逆にストラット式サスや固定式（リジッド）の場合は微調整がしづらい（あるいはできない）が、狂いが生じにくい、ということを分かりやすく解説。

でも、もともと整備士出自の執筆者にありがちな、一部思い込みが見当たる。たとえば、ディスクブレーキのローターは、ネズミ鋳鉄で、振動吸収性が高いのはOKなのだが、潤滑性が高いというのは、眉に唾をつけたくなる表現。「耐摩耗性が高い」というのであればわかるのだが。潤滑性といえば摩擦が少ない意味となるので〝摩擦材とローターが滑り、車輪を止められなくなる！〟。たぶん、これはジャダーが起きない程度の滑らかさだということを言いたかった!?　いずれにしろ読者に誤解を与える表現である。

ただ、この本でいくつものことを教えられた。ギアオイルの臭いが強烈に臭いのはギア同士のかみ合いを和らげる目的の極圧剤にリンや硫黄分が入っているから。それとステンレスマフラーにも2タイプがあり、純正のSUSマフラーはフェライト製で、磁石がくっつく。お高いチューニングSUSマフラーはオーステナイト系のステンレスで、こちらは磁石を近づけてもくっ付かないという。なるほどね。少し賢くなった。

読みやすさ　★★★★　知識増強　★★★
物語の楽しさ　★★★　新ネタの発見　★★★
残念なポイント「写真や図版がいっさいないので、ビギナーにはわかりづらい。20年以上前に出た本だからHVやEVの記事が全くないのも残念。旧車向けと割り切るか」

★小関智弘著『鉄を削る　町工場の技術』（ちくま文庫）
―モノづくりの本質を解説した名著。（2000年8月刊）

1985年6月太郎次郎社から単行本で刊行され、のち2000年に「ちくま文庫」に収められた。著者は現在90歳近いが、この本から伝わる息遣いは力強い。半世紀以上旋盤工として働き、しかも数々の工場を渡り歩き底辺でのモノづくりを支えてきた人物。いっぽう作家活動をつづけ、彼の書いた物語は直木賞や芥川賞候補となっている。経験の豊富さに、無駄のない、たしかな文章で支えられる数々の作品は、どれも秀逸。

旋盤（英語ではLathe）という工作機械は、普通の人にはかいもく見当がつかない機械に思えるかもしれないが、町場にあるモノづくり小さな工場には必ず数台の旋盤が活躍しているはず。もっとも今では、旋盤を電子制御で動かすNC（Numerical Control：数値制御）旋盤というのが多数派を占めるが、少し前までは旋盤はモノづくりマシンの代表選手だった。工業高校の機械科では、旋盤に平面加工のフライス盤、それに穴あけ専門のボール盤、この3つを自在に操駆るスキルを教え込まれたものだ。

じつは書評子も工業高校出身なので、授業で少しだが旋盤をいじったことがある。横手方向に2メートルほどの鉄でできた旋盤は、加工物をチャックと呼ばれる回転する土台に取り付け、バイトという刃物で切削していく。溝をつくったり、内径や外径を加工したり、ネジを作り上げたりの金属加工をおこなえる。いわゆる熟練旋盤工になるには最低でも5～8年近くの経験が必要とされた。

町工場の旋盤工の仕事はたいていは、大企業などからの試作品作りや仕上がり前の荒成型と呼ばれるプロセスをおこなうことが多い。小関さんに言わせると、旋盤という機械を自在に操り、注文通りの加工をおこなうためには、全体を見る目、加工品の材質、加工手順、バイトの形状、切削スピードなどが即座に思い描けることだという。加工する対象物はジェット機の部品だったり、自動車の部品だったり、ときには宇宙ロケットや船舶の一部だったり、さまざまである。

この本が文庫本になった2000年の時点で著者は、日本の技能の低下あるいは技能への軽視傾向があると疑いの目を向けている。動燃事故に続いて東海村の臨界事故などが発生しての強い印象をいだいたようだ。「現場の労働者は、上から言われたことをただやっている」のではないだろうか？　いわゆる自分のアタマで考えないマニュアル労働にどっぷり浸かった技術者は、そのモノが何のためにつくられ、どんな役に立つのかを考えることなしに、決められた手順に忠実に動いている……。そんな技術者がロボット化の道を進んでいるのではないか、という大きな危惧を投げかけている。その後の2011年3月に起きた想定外の大津波による福島原発の過酷な事故のことを知る読者としては、筆者はすでの声高に警告を発し、ある意味予言めいたことを発していたことをいまさらながら強く認識する。

よく言われるように、日本のいまどきの技術者は、現場を知らない。たとえば、自動車の開発エンジニアも、若いころバイクや自動車を弄り回したことのない人が珍しくなくなった。先日も、スポーツジムでこんなことがあった。DVDのチューナーのプラグが酸化被膜で接触不良になった。そこで書評子は自宅から接点復活剤を持参し、シュ～ッとひと吹きで解消した。横で見ていたNECの重役まで上り詰めた東大工学部卒のおじさんは、この酸化被膜が知らなかった。あるいは、知っていても実生活での経験と結びつかなかった。そんな顔をしていた。若いころ、〝恥をかくことで新しいことを知る〟努力をしてこなかったようだ。それが好奇心を欠如させたのだと思う。

この本にも、１９７９年の福井大飯原発でのブルドン管式圧力計のトラブルを報告している。原子炉の冷却水には、腐食を防ぐためヒドラジン（Ｎ２Ｈ４）と呼ばれるアンモニアに似た溶剤を混ぜているため、ステンレス製の圧力計が採用され、「ステンレス製」とわざわざステッカーも張られていた（たぶんアメリカのウエスティンハウス製なので英文でＳＵＳとあった？）ところが、実際には銅合金製だったという。ＳＵＳと銅合金なら素人でも見ただけで判別がつく。ところが、日本の技術担当者はそれに気づかなかったのだ。文字の方を信用し、思考停止してしまったということらしい。

旋盤で金属を削ったときに出る金属くずをキリコと呼んでいる。かつての大工が弟子の鉋屑を見て、腕前の良しあしを判断したように、キリコもまた機械工の腕の確かさを語る。金属の材質や切削スピード、刃先の研ぎ方などで千変万化する。機械やバイト（刃物）の切削条件が、その金属とよく見合っているときは、キリコもまた得心のカタチと色合いをもって生れ出てくるという。キリコを見つめると、金属素材の良し悪しも分かるし、刃先が傷んできたのも分かる。

だから腕の立つ旋盤工は、○○種の鋼を削るとゼンマイのような形をしてコバルト色のキリコが出る、あるいは△△種の鋼だと、ボロボロと砕けるキリコで、色はあずき色になる。

……そんな大雑把な判断が知らず知らずのうちに知恵として蓄えられる。だから図面の鋼種の記号を読むと、削る前からもうキリコのカタチ

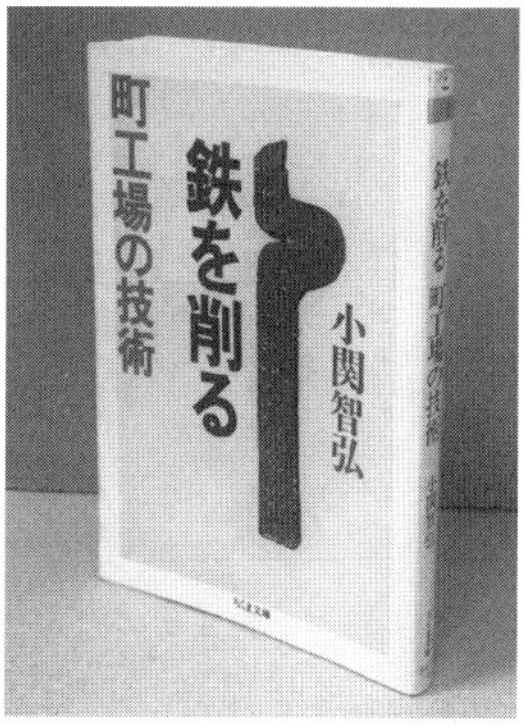

と色が頭に浮かぶものだ、という。あるとき、図面とこれまでの経験則が食い違うので、顧客に問い合わせたところ異材が混入していたという。旋盤工の立場が弱いので、当初は信用してもらえなかったという。源流を自負する製鋼所の誤謬は、なかなか下流と思われているモノづくり側からの指摘に素直に聞き届けられない、そんな力関係のなかに日本のものづくりの危うさを見る。

読みやすさ　★★★　知識増強　★★★★★
物語の楽しさ　★★★　新ネタの発見　★★★
残念なポイント「専門用語、たとえばキー溝、供回りを止めるため小片が収まる溝のことだが、こうした専門用語の解説を欄外に入れるべき。たぶん担当編集者が内容をキチンと理解できていないための手抜き!?」

★松本英雄著『通のツール箱／ノーガキで極める工具道』（二玄社）
――手の延長である工具の基本のキが学べる。（2005年6月刊）

「自分の愛車ぐらい自分で手を汚してでもメンテナンスしてみたい」あるいは「自分ではクルマいじり

やバイクいじりをしたくはないが、一応知ったかぶりしたいじゃない！」

そんな都合のいい読者をメインターゲットにしたクルマいじり・バイクいじりの道具についてのうんちくを語る単行本である。だから読者対象は、キホンいままで工具を手にしたことがほとんどないビギナーだ。だから、そんな読者にも敷居を低く構えるため、やさしく理解できるような平易な簡潔な文章で、しかも通常の単行本や文庫本にくらべ二回りほど大きな文字サイズを採用。

ひとつのアイテムに、2～4ページ、ときには1ページで完結しているのでスイスイ読み進められる。つまりアイテムごとのコラムの集合体で構成されているのでどこから読んでも、大丈夫。しかもつかみの部分（書き出し）が著者の日常生活や体験談からスタートしているので、するりとその世界に入れる。

たとえば、ハンドツールのなかで一番なじみのあるドライバー（ネジ回し）のところ。別名スクリュードライバーという同名のカクテルが、手元にあったネジ回しで攪拌して作られたところに所以があるというウソのような本当の話を披露することで読者のココロをとらえる。

かといって調子に乗ってそのノリを広げることなく、押さえておくべきことはキチンと読者に伝えている。本来の目的である工具は手の延長であり、ツールの使い方、心得、その工具の利点と弱点など肝のところを簡潔にアピールしている。たとえば……ドライバーに次いで身近なスパナという工具は、構造上ボルトとナットの6角部にわずか2点でしか接していないため、カドを舐めてしまうトラブルに陥りやすいことを警告。

ラチェットハンドルとソケット（駒）、この2つを組み合わせで使う工具（ソケットツール）は、ジョイント部の差し込み角といわれる四角部のサイズ（対辺）で、1／4インチ、3／8インチ、1／2インチなどとインチ表示でラインアップしている。さらにｍｍ表示での6・35㎜、9・5㎜、12・7㎜があり、初めて聞く読者には、これではチンプンカンプン。ページの隅にでも表組を入れれば理解できるものの、編集者の手抜きか、はたまたデザイン上の美意識優先のせいか。こうした手間をかけず文章だけで押し通しているのはマズイ。たぶん初心者は、ここで本を放り投げるか、読み飛ばしてしまう？

だから、この本は、図解のある工具の本をもう一冊横に置いて読むか、スマホで検索して図解やイラストをチェックしながら「ふふ～ん、こういうことか……」と納得しながら楽しむべきか!?

別の考えが浮かんだ。

「図解やイラストを使わず、言葉だけでどれだけきちんと正確にわかりやすく物事を説明できるのか？」そんな人間社会が長く広く課題としてきたコトガラに、この本は、果敢に挑戦しているとも言えなくもない。

タイトルに「プチ万力」と表示されたロッキングプライヤー（要するに例のバイスグリップ）のところで、「見た目は普通のプライヤーと同じだが、グリップの裏側に秘密が……」とあり、「普通のプライヤーは支点が1つだが、こちらは4か所で、テコの原理によって普通のプライヤーより小さなチカラで大きなグリップ力が得られる」

……となると書評子は工具箱から愛用のロッキングプライヤーの現物を引っ張り出し、グリップ部をじっと眺め、さらにいじってみる。フムフムという感じで、ジワジワと頭の中に理解の波紋が広がる。

ということは、現物を横においてこの本を読むのが一番だと気づく。

でも待てよ。この本は工具はじめての処女読者が主な対象。ニワトリが先か、卵が先なのか？　自己矛盾のメリーゴーランドが頭の中をぐるぐる回り続ける。

とにかく、工具は、手の延長線上の道具。道具というのは使いよう次第。うまく使えるか、どうではないかは、経験と知識が大きくものをいう。一度おいしい体験をすると、この成功体験を金科玉条のごとく信じ込み、これまた新しい道具への好奇心の目が曇る。ここでも自己撞着の罠が。

でも、まぁハンドツールほど面白いものはない。クルマなら1台1000万は珍しくないが、これをアメ車、ドイツ車、フランス車、英国車と同時に持つのは夢のまた夢。ところが工具なら、手軽に世界の工業製品を一堂に愛用できる。さほどの大枚をはたかなくても、その国のモノづくり、カルチャー、ナショナリズムなどを堪能できる。

読みやすさ　★★★★　知識増強　★★★
物語の楽しさ★★★　新ネタの発見★★
残念なポイント「図版がないので、理解するにはほかの媒体、たとえばねネット情報などを補う必要がある」

★鶴原吉郎著『ＥＶと自動運転　クルマをどう変えるか』（岩波新書）

―近未来の自動車社会のモビリティサービスとは。（２０１８年５月刊）

人工知能が人間の知能を大幅に凌駕するシンギュラリティ（技術的特異点）がいつになるのか？それ以上に関心があるのが、ＥＶ（電気自動車）がガソリン車やディーゼル車を凌駕するのはいつ頃になるのか？　ということだ。

予測だと２０４０年ごろだという。しばらくは、化石燃料車とＥＶが共存する時代が続くというのだ。その根拠はどこにあるのか？　これを分かりやすく、とことん説明してくれるのが本書だ。

ながねん機械技術の最前線を雑誌編集記者の立場でウォッチングしてきた筆者は、液晶テレビが予想を上回るスピードで、ブラウン管テレビを駆逐していった歴史をなぞらえながら説明する。

当初液晶は解像度が低く、発色が悪く、応答速度も遅く、テレビには向かないといわれていた。シャープやパナソニックなど既存の家電メーカーは高精度なブラウン管技術に莫大な投資をしていた。ところがあっという間に液晶が低価格で高い品質の製品となり市場を席巻した。

これは、なにも液晶がもっとも優れた技術だから勝者になったのではなく、〝新規参入企業でも勝てる可能性がある技術〟と認識されたからこそ勝者になったのだという。ブラウン管の技術など中国の家電メーカーにはまるでなかったのだ。

自動車の世界も、これと同じことがいま起きているのではないか！　というのだ。従来技術の高い技術力を誇る企業ほど、新たな技術の足りないところばかりに目がいき、その強みを離したくないという潜在意識から、技術の世代交代に乗り遅れてしまう。中国の自動車メーカーには初めからエンジンの高い蓄積技術など持ち合わせていない。それこそが、逆に強みだというのだ。

でもトヨタも日産もホンダも、崖っぷちに立ってはいるかもしれないが、必ずしもまだ敗者だとは決まっていない。では既存の自動車メーカーが生き残るにはどうすればいいのか？

国内自動車事業関連の人口が約550万人いるといわれる。現在モノづくりメーカーで元気のいいトヨタは、すでにサバイバル・ビジネスモデルを構築しつつあるのかも。いつの間にかトヨタのディーラー名は、自動車販売会社の看板を書きかけ、モビリティ・カンパニーとなっている……。つまり〝移動サービス業〟。これはクルマにまつわるサービス業への強い指向がにじんでいる。

近未来の自動車社会のモビリティサービスとはどんなものか？「電動化」「自動化」それに「コネクティド化」の3つが一体となっている。クルマは必要なときにスマホなどで呼び出すとやってきて、利用者がハンドルやペダルを操作することなく目的地まで自動的に運んでくれる。目的地に着いたら、また別の利用者のところに自動で走り去る。つまり「ロボットタクシー」が活躍する世界。

用途に応じて、フォーマルな時にはセダンを選んだり、SUVやキャンピングカーでアウトドアを満喫、あるいはスポーツカーでドライビングを楽しむことができるというのだ。こうなると自動車を再定義する必要が出てくる。

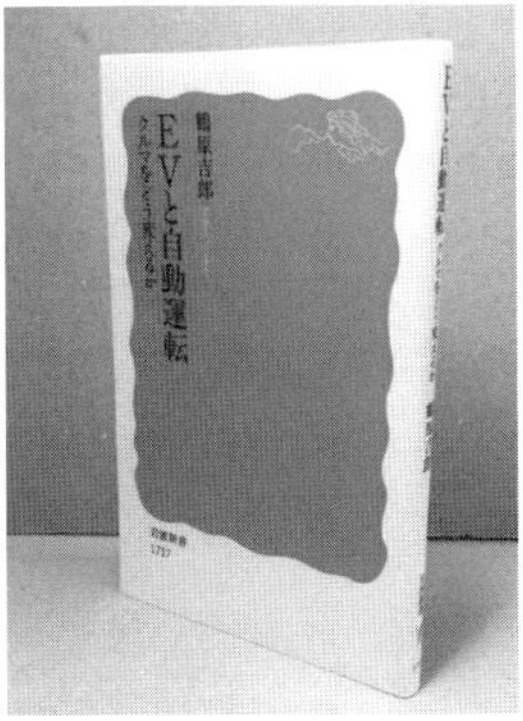

個人持ちのいわゆる愛車はごくごくクルマ好きの人でないと持つ必要がなく、自動車の総量が激減。都内の駐車場は、スカスカになり、ほかの目的、たとえば商業地域とか、公園などになる。サブタイトルの『クルマをどう変えるか』には、クルマ社会を変える主役はあくまでも自分たちだという強い意識が示されている。

もうすぐやってくる新しい自動車社会がわずか200ページの新書でコンパクトに分かりやすく描かれている、お得かつ必読の書だ。

読みやすさ　★★★　知識増強　★★★★★
物語の楽しさ★　新ネタの発見★★★★
残念なポイント「専門用語の解説が不足。欄外に注釈を載せるなどの工夫があればよい」

★山崎英志著『旧車のレストア　ベンツC再生術』(グランプリ出版)
―1996年式・走行距離12万㎞の中古ベンツCを手に入れた。(2007年5月刊)

よく言われることだが、自動車という工業製品が洗濯機や冷蔵庫などの家電製品と大きく異なる点。

それは、ペット的な存在というか家族の一員に近いというか、無二の親友というか、親しみのある対象。およそ3万点の部品からなる機械ではあるが、ユーザーから見ると、ひとつの人格を付加したくなる対象だということだ。「愛車」という言葉があることからもそれは、うなづける。

この本は、ひとことで言うと、「偏愛的愛車」の育て方の指南書である。

ここから少しバイアスがかかった物言いをすることを許されたい。

子ども同様に少しできの悪い息子あたりをイメージしてもらいたい。その成長具合を〝愛でるプロセスを感じたい〟のであれば、不良じみたクルマを選択するのだ。

そこで筆者は、1996年式の走行12万kmをあとにしたベンツCを中古で手に入れた。言い忘れたが、舞台はロサンゼルスだ。自宅のガレージまでは何とか自力で辿り着けたが、とても長距離ドライブを楽しむどころレベルの代物ではない。あちこち満身創痍のクルマである。この満足に走れない中古車を格安で手に入れた。仕事の合間を縫って少しずつ新車時のコンディションに近づけるというのが目的だ。最初、AT、次にエンジン、そしてボディとやることが山ほどある。

そこには、数々の難問が待ち受けている。部品の調達が一番心配だが、それ以前にこのクルマの整備書を探さなければいけない。でも、持ち前のガッツと好奇心で、ベンツの整備のプロと遭遇したり、たまたま出かけた解体屋さんで探していた部品を発見したりしながら徐々に、ベンツのリストアが進んでいく。

かつて日本でタクシー上がりのポンコツ・コロナをフルリストアした経験のある筆者は、アメリカで、ドイツのクルマをリストアするうちに、日本、アメリカ、ドイツ、この3つの国の文化を行き来していることに気づく。かつて訪れたドイツのメルセデス・ベンツ博物館で、「ベンツのクルマの部品は100年以上前のものでも手に入る」そんな都市伝説めいたことにひどく心を動かされる。

功成り名を成した人が一番幸せだったときはいつか？　そんなインタビューに答えて、「失うものなど何も持たず、がむしゃらに働いていた若い頃がいま思うとハッピーだった」なんて答えるのを聞くことがよくある。なんだか格好つけているなと感じるものだが、実は「先の不安を感じながら我を忘れてがむしゃらに生きるとき」ほど人間は幸福感に充たされる変な生き物のようだ。つまりプロセスこそが人を豊にさせてくれる。

くたびれた不完全なクルマを苦労して修復し、もとの新車のコンディションに戻すというリストアの作業は、趣味として最高の部類のひとつだ。そのためには、場所と時間、それに熱い情熱というか持続するココロザシが必要だ。この3つを備えるには、ときにはほかの人生の楽しみを犠牲にする覚悟が必要な場合もあるかもしれない。

この本は、一部内容がダブっていたり、まとまりに欠けていたり、粗削りなところがある。それに正統派で具体的な整備マニュアルとしては不完全だし、薫り高いエッセイとして読もうとすると完成度がいまひとつ。だが、クルマのリストアというのは、こういうものなんだな、こういうことが楽しみなんだな、ということがビシビシと伝わる、そんな世界観を味わえる珍書である。

読みやすさ　★★　　　　知識増強　★★★★
物語の楽しさ　★★★　　新ネタの発見　★★★★
残念なポイント「専門用語の解説が不足。欄外に注釈を載せるなどの工夫、それにインデックスがあるといい」

★林義正・山口宗久共著『林教授に訊く「クルマの肝」』（グランプリ出版）
―「エンジンの燃焼室のカタチは、18歳の女性のおっぱいのカタチが理想的なんですヨ……」（2006年4月刊）

えっ、そ・そんな！　いまから20年ほど前のこと。横浜の大黒町にあったエンジン開発研究所の担当者は、エンジンダイナモがごうごうと稼働している脇で、いきなりの説明。エンジン、いわば鉄のカタマリで構成される精密な構成物をめぐって、からだの一部とはいえ、生々しい女性の裸を連想させるいきなりの表現に、ココロが10メートルぐらい天空に飛び上がった気分になった。エンジニアの林義正氏には、その後数回インタビューした覚えがあるが、初回の先生の比喩がいまでも頭にこびりついている。

4バルブエンジンの燃焼室は、ペントルーフ型。日本語であえて言えば、切妻屋根型。高い馬力を出すため、できるだけ多くの空気を吸い込み、できるだけ燃焼時間を短くし、エンジン各部のフリクションロスを少なくすること。この3つである。

4バルブエンジンは「できるだけ多くの空気を吸い込む」ためだし、そのための燃焼室形状は必然的にペントルーフ型になる。この燃焼室形状は、もともとフランスのプジョー社が発明し、およそ110年前インディアナポリスのカーレースで採用された。だから何も林先生の発明ではないが、その鮮烈でユニークな説明はまちがいなく〝林先生の発明〟である。

林先生は、日産のエリート的エンジニアのなかではかなりユニークな人物だった。ルマン24時間に向けたエンジンをはじめレーシングエンジン畑を歩んできており、最初のインタビューはこのルマン・エンジンをめぐるものだったが、ルマンのコースをシミュレーションするモニター画面を見ながらエンジンダイナモで負荷をかけている当時としては珍しかった開発現場を取材した。でも、あまりの表現でそのほかのことは覚えていない。

林先生は、ライフルはじめ銃の研究者でもあり、文字通り好奇心は世の中の神羅万象に及ぶ、そんな人物と見えた。だからこそ、いまではセクハラめいた絶妙な譬えで、のち東海大学工学部で謦咳に触れた学生の心をとらえた授業を展開したに違いない。

理想のエンジンの条件その2つ目の、「できるだけ急速に燃焼させたい」という項目を具現化するため、林先生は、日産エンジン開発の現役のころ、Z型エンジンを開発している。日産が1970年代後半から90年代終わりにかけ、長年製造してきたツインプラグエンジンだ。1カム4バルブタイプのエンジンで、その後CA型が後継エンジンとなり、ツインプラグは引き継がれた。

このCA18Sというエンジンが載ったスライドドアのプレーリーを2年ほど愛用していた（トライア

ルバイクを載せるために中古車で手に入れた）。

想像してもらうとわかるが、限られたエンジンルームに収まり横置きエンジンのスパークプラグを交換する段になると、かなり大変だった。林先生にこのことをやんわり説明すると、さほどおどろいた顔ではなかった。たぶん、同じ質問に飽きていたのかもしれないし、そうしたメンテ上の不具合をはるかに超えた有効性というか合理的理由がツインプラグにはあると信じておられたのかもしれない。

それに林先生には直接関係はないが、その当時のプレーリーにはボディの致命的欠陥があった。スライドドアを支持するボディ剛性が弱く、ときどきスライドドアがレールから外れるのだ。そのほかにもこのクルマには、日本車にはあまり見られないマイナーな不具合、たとえばステアリングホイールの外皮が内芯との接着がはがれ、ブカブカになる。そこで、カッターで樹脂製の外皮に切れ目を入れ、そこから接着剤を流し込んで何とか凌いだ。

そんなこんなで、このプレーリーは自動車ジャーナリストには、いろいろ面白い話題を提供してくれた。（普通のユーザーなら二度と日産車には手を出さない決意を固めるだろうが!?）

この本は、「クルマの肝」と謳いながら9割はエンジンの話である。もともとクルマ雑誌に連載していた記事を、読者の質問にこたえるかたちの誌面に再編集したもの。たとえばそもそもの化石燃料を燃やして力を得るエンジンを詳細に解説してくれたり、レースエンジンと市販車エンジンの違いを懇切丁寧にレクチャーしてくれる。エンジンオイルをめぐるメンテナンスの話にもおよぶ。

やや古い話題もないわけではないが、いま大きな岐路に立たされているエンジンに携わってきたエンジニアの生々しい声を聴く本としては、格好の一冊だ。

読みやすさ ★★★★ 知識増強 ★★★★
物語の楽しさ ★★ 新ネタの発見 ★★★★
残念なポイント「エンジンに偏りすぎている。情報がやや古い」

★真田勇夫・絵、高島鎮夫・文『じどうしゃ博物館』(福音館書店)
――なんだか巨大な自動車ミュージアムを連想させる。(1992年刊)

大人になるとあまり見ることがない絵本。でも、子供だけに見させているのはもったいない！ そんなとっておきの絵本を紹介しよう。

絵本のすごさは、コトバだけでは伝えづらいモノの形や色をリアルに読者に伝えられることだ。だから、活字以上のことを想像させられたり、呼び起こさせられたり、もちろん語りかけられもする。

絵本のなかの文章は長くない。よく練られた短い説明文は、簡にして要を得ている。

たとえば、フォード・モデルTのキャプションはこうだ。「1909年、アメリカではどの国よりも早く自動車が広がりました。このT型フォードは1908〜1927年の19年間に1500万台以上も作られ、当時の世界の自動車の3分の1をしめました」わずか90字足らずで、このクルマを説明。あとは緻密に描かれたクルマを眺めれば、馬車とクルマが混ざった当時のニューヨークの街中が浮かんでくる。

紀元前4000年ごろの牛車から始まり古代ローマ帝国の2頭立て戦車、16世紀のレオナルド・ダビンチのゼンマイ仕掛けの自動車、そして17世紀ごろから現れた蒸気自動車、19世紀末に登場するガソリン自動車と進む。スペクタクル！　スピードと技術の限界に挑戦するレーシングマシンも豊富に登場する。2人乗りFRレイアウトのスポーツカーをモデルに、クルマの仕組みを詳細に解説している見開きページもある。20世紀中ごろからどんどん庶民のものになっていったころに登場するクルマもあざやかに描かれている。消防自動車やごみ収集車、パトカーなど身近に見かける働くクルマももれなく登場している。

この絵本、わずか31ページだが、登場するクルマの数は、135台。1ページ当たり5台の勘定。それぞれに物語があるので、ページ数以上の豊穣さ。クルマ好きには、書斎の本棚の隅に置いておき、疲れたら、眺めているとなんだか疲れが霧消する役目も期待できる。

この福音館の『じどうしゃ博物館』は、なんだか巨大な自動車ミュージアムと引けを取らない役割をしている気がする。リアルなミュージアムは、予算や敷地、それにそれぞれのオトナの事情でどうしても片寄った銘柄になりがち。

その点、この絵本は、そうした課題を軽々と乗り越え、子供や大人に、自動車の世界を表現している。1992年発行ということはいまから30年ほど前のため（当時価格1200円）、とくに働くクルマは、古さを感じさせはするが、それはそれで癒される。絶版だが、古書としてなら出回っているようだ。

読みやすさ ★★★★　知識増強 ★★
物語の楽しさ ★★★★　新ネタの発見 ★★
残念なポイント「大人のための詳細なデータやエピソードを加えてもいいのかも」

★おとなのクルマ絵本『ビジュアル・ディクショナリー・オブ・カーズ』（同朋社）
――子供心を呼び覚ます大人向けの絵本。（1992年刊）

この本を眺めていると、絵本ほど即効性のある癒しを得るものはない、ことが理解できる。「絵本」というとふつう子供向けに作られた図書だが、この絵本は、手抜きのない大人向けの絵本である。というか、正確には、子供心を呼び覚ます大人向けの本だ。

……でも、待てよ、書かれている英語を見ると、まんざら大人向けというよりも、（英語圏の）子供向けだということもうすうす気づく。というのは、やさしい英語だからだ。たしかに専門用語は使われてはいるが、文章の基本構文はシンプルで、中学英語である。

30年ほど前にアメリカの本屋で買い求めた記憶があるが、久々に手に取るとなかなかに発見が少なくない。

たとえば、プラグの進化が写真で分かる。１８８８年製のベンツのスパークプラグは、基本構造こそ現代のＮＧＫプラグと同じだが、図体が10倍近いシロモノだし、50年ほど前にはすでに白金プラグが登場しており、それにはガラスのインシュレーター（絶縁体）が採用されてもいる。

ブレーキの歴史もすごい。ドラムブレーキ、ディスクブレーキの前にバンドブレーキが登場し、その前には路面に当たる面を摩擦材で押し付ける「リムブレーキ」があり、その前は地面に棒を突き刺しクルマを止める「スプラグ・ブレーキ」というものまであったことが判明。いまでは消えてしまった自動車部品「キャブレター」の歴代をカットモデルで見せてくれてもいるのは圧巻だ（恐竜図鑑のようでもある）。それにそれに、例の累計１５００万台以上販売された名車フォードＴ型のシャシー分解写真もすごい。「これなら納屋で修理できるかも」そう思わせるほどシンプル構造であるのはわかる。

フォーミュラカーは、１９９０年のルノーＶ10エンジンを載せたウイリアムズだ。こちらのエンジン分解写真は、残念ながらない。版元はDORLING KINDERSLEY。縦31㎝横26㎝の大判でページ数は64頁。

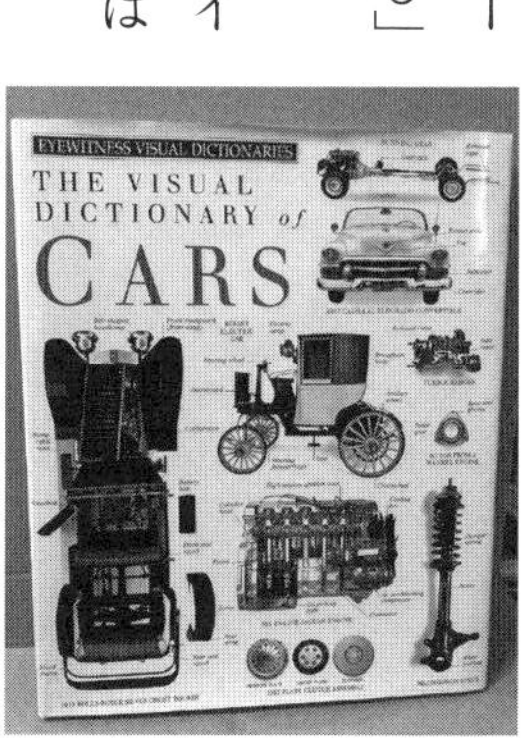

おとなのクルマ絵本／原書

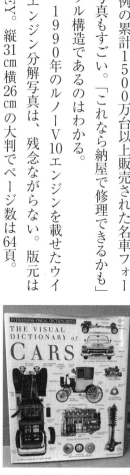

読みやすさ　★★★★★　知識増強　★★★
物語の楽しさ　★★★★　新ネタの発見　★★
残念なポイント「詳細なデータや資料、エピソードがあればさらに良しだが」

★リチャード・サットン著『ビジュアル博物館・自動車』（同朋舎出版）

――カラー刷りの美術全集などと同じ大型サイズの絵本。（1991年11月刊）

絵本だからといって高を括ってはいけない。目次や奥付を含めても70ページにも満たないが、300万点ともいえる複雑な機械、その機械が人間にもたらす喜びや楽しさを瞬間的に理解させるだけのチカラを秘めた印刷物だ。

本の良し悪しをはかるのは、「内容」と「表現」、この2つである。とすれば、この本は、見事にこの2つを十二分に果たしている。

目次を見ると……「馬のチカラが自力へ」から始まり、「パイオニア時代の自動車」「華麗なる車体」「自動車旅行」「大量生産」「美しいボディスタイル」「街を走る小型車」「アメリカのドリームカー」「レーシングカー」……と19世紀にはじまった馬車なしクルマの登場から、T型フォードで大量生産、それによる人々の暮らしにいかに自動車が広がりを見せ、クルマ自体が生活を彩ったか……そんな歴史と社会的な背景を美しい写真で展開。

〝機能美〟という言葉があるが、まさにクルマの内部、たとえばエンジンやシャシーの構成部品をこんなにも美しく見せてくれるおかげで、自動車そのものが機能美にあふれていることに気づかせてくれる。

添えられている文章もよく洗練されたやさしい間違いのない日本語で語りかける。

「警報器」のページを眺めると、プオッ～ッとかブ～ッといったどこか気の抜けたホーンの音が時代の空気と一緒に耳に入ってくる気がする。「エンジンの内部」の見開きページを見つめるうちに、まるで自分が一寸法師になってエンジンのなかに紛れ込み、その動きを眺めている気分になる感じ。べたつくオイルが纏わりつきそうな「駆動系」のページでは、ギアのギザギザを指で触り、使用済みギアオイルの嫌な臭いを確かめる気になる。

なぜ、クルマは動くのか？　なぜクルマは曲がれるのか？　なぜクルマは止まれるのか？　そんな疑問からスタートして、この本を手に取ると、そうした煩瑣な雑音が流れるように消えてクルマという存在がファンタジーとなる。ふと、機械嫌いな友人にこの本を見せたらどんな反応をするのか？　そんなイタズラ心が湧いてくる本でもある。著者のリチャード・サットンという人物、調べてみるとカナダのコンピューターの科学者で、MIT（マサチューセッツ工科大学）とスタンフォード大学を卒業したDEEP MINDの研究家だともいう。子供から大人まで夢中にさせる、こんな素敵な本に通底する頭脳の内容を知りたい。

読みやすさ　★★★★★　知識増強　★★★★
物語の楽しさ★★★　新ネタの発見★★★★
残念なポイント「数年後にEVをふくむ21世紀型クルマを俎上に載せてもらいたい」

★三本和彦著『「いいクルマ」の条件』(NHK出版)
―自分のアタマで考え自分の責任で選ぶべし。(2004年11月刊)

1976年(昭和51年)は、雑誌編集記者1年生の駆け出しで、右も左も分からなかった頃だった。『間違いだらけのクルマ選び』が本屋に並び、業界に一大センセーションをもたらしたのは、その年だった。

これまで予定調和というか、癒着状態というか、自動車業界と自動車メディアが仲良し関係であったのが、筆者名徳大寺有恒(本名:杉江博愛1939~2014年)の登場で大きな波紋を広げたのだ。「本当の筆者は誰だ!?」ということで、犯人探しがはじまり、そのときいち早く名前が挙がったのがミツモトさんだった。三本和彦氏(1931~2022年)。歯に衣を着せずズバズバと発言をしていたからだ。強く記憶しているのは、新車発表会で「(今度の新車は、従来車にくらべ)変わった変わったとおっしゃいますが、一体どこが変わったんですか？」とストレートで毒のある質問がいまでも耳に残っている。評論家としての存在感を示していたようだ。たしかに、当時のフルチェンジにしろマイナーチェンジにしろ、フロントデザインを少し変えたぐらいの変更でお茶を濁していた（そのことで販売攻勢をかける!?）ことが少なくなかった。

あれから半世紀近くたったいま、同じ日本を代表する大先輩の自動車評論家だが、ソーカツすると三本さんと徳大寺さんはまったく違う。まず文体が異なる。それにもましてクルマを見る視座が違う。〝間違ったクルマを手に入れ、失敗するのも面白い！　それもその人のクルマへの思い、人生観を広げる！〟という余裕が三本さんには、ほとんど見当たらない。クルマは人間の自由さと結びつき、日常生活の冒険を意味するゆえに価値がある。このことに気付いていないのか、あえて無視しているかに思える。人はやはり時代の子供である。若いころ「クルマなど持てる時代が来るとは思えなかった」そんな世代に属するので仕方がない面はあるが。

今回取り上げる本は、三本和彦さんのバイアーズガイドである。クルマを購入するときの、手引書だ。だから家を買う場合に次いで人生最大の買い物としてとらえてのクルマ購入ガイドである。ものすごく慎重だし、けっきょく《自分のアタマで考え、自分の責任でクルマを選ぶことの大切さ》を説いている。そのためにはとにかく、試乗してみて実感として捉えることの大切さをひたすら説いている。

200ページの新書なので、なぜ、トヨタのクルマがよく売れ、日産があえいでいるか？　とか、若者のクルマ離れは、むしろ日本のクルマ社会の正常な進化だ、ということも縷々説いている。そして、なるほどと合点するのは、「建設省（現国土交通省）のデータによれば、日本の全道路の84％が市町村道で平均の車道の幅が3・5mに過ぎなく、国道や都道府県道を含めても、4・0mだ」というのだ。これは1998年のデータだが、いまもさほど変化ないハズ。つまり、全幅1480㎜の軽自動車が一番理にかなっており、1700㎜未満のコンパクトカー（5ナンバー）がぎりぎりセーフ。全幅1800㎜の3ナンバーなどこれから見ると国賊モノと言えなくもない。

とにかく三本さんは、良き市民という目線から一歩も出ない自動車評論家なのである。休日にはゴルフに興じる市民のひとり。普遍的な自動車への愛があまり伝わってこない。失礼ながら、三本さんの文章に退屈さがにじむのは、読者にも良き市民であるべしという教訓めいた制約が透けて見えるからなのかもしれない。

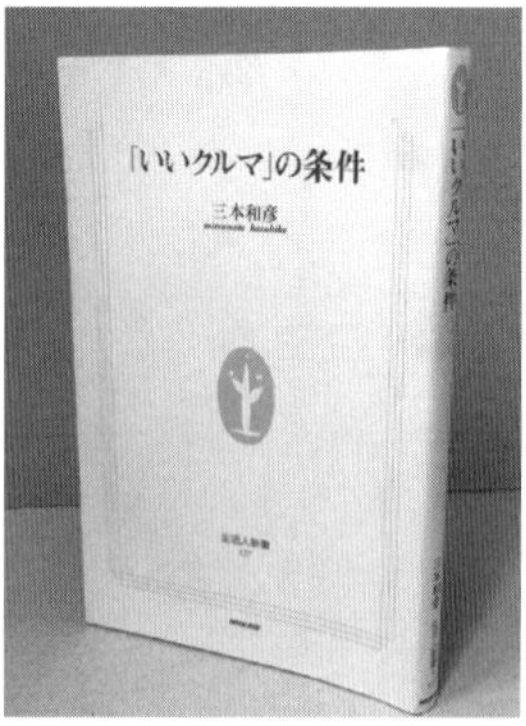

読みやすさ ★★★★　知識増強 ★★★
物語の楽しさ ★★★　新ネタの発見 ★★★★
残念なポイント「教訓めいた話が多いので、いまひとつ迫るものがない」

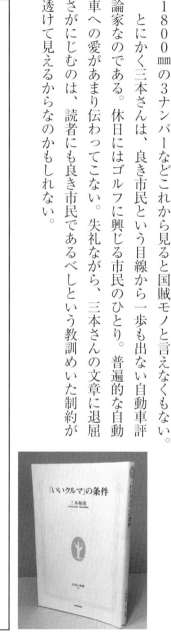

★中岡哲郎著『自動車が走った　技術と日本人』（朝日選書）

――独自の視点で展開する日本自動車産業史。

（初出は1995年の「朝日百科」／1999年単行本）

交通の歴史を振り返ると、明治期から日本は鉄道網をゆきわたらせた。おかげで便利で比較的安価な公共交通ネットワークが世界的にも例を見ないほどに整えられた。にもかかわらず、海外での生産を含めて日本は年間2000万台以上のクルマを作り続けるトップレベルの自動車大国となっている。いわれてみれば腑に落ちる、この素朴な疑問。これを梃子に京大卒の技術史家は鋭く江戸末期から我が国の科学する人たちをウォッチする。

日本でモータリゼーションが始まるのは、いわゆるマイカー元年といわれる1966年（昭和41年）。飛行機野郎長谷川龍雄が主査をした初代カローラが発売された年とされる。ふつうの庶民がクルマを所有できる気持ちになった。それまではクルマを持つことは夢であった。

そのカローラのデビューからほぼ60年前、日本初の自動車第一号が走っている。岡山の山羽虎夫がつくった山羽式蒸気エンジンを搭載した屋根なし10人乗りバス。そののち日本初のガソリンエンジン車を作った内山駒之助、オートモ号を作った白揚社の豊川順彌、ダット号の橋本増治郎、オオタ車の太田祐雄、それに豊田章男氏の祖父である豊田喜一郎などなど。

こうした先人たちはオシャカ（不良品）を山のように重ね、あたら財産をすり減らし、なかには橋本のように子供の預貯金まで手を伸ばした。なんとしてでも、わが手で自動車を作ろうとした。振り返るたのか？

と死屍累々！　なぜそこまで、情熱を持ち続けられたのか？　経済合理性を考えたら、つまりコスパからみれば大冒険。なぜそんな……よく言えば愚直、悪く言えば無謀極まる挑戦をしなくてはいけなかったのか？

当時の富裕層の大半は、自動車産業を極東の島国につくることなど、初めからあきらめていた人が多数派だった。三井、三菱、住友といった財閥は、リスクが大きすぎるとして手を出さなかったし、ヤナセの初代柳瀬長太郎は「（日本ですそ野の広い産業構造を必要とする）量産自動車産業などできるわけがないから、欧米から輸入するのがいちばんの得策だ」ときわめて常識人らしい主張をしていた。

山羽式蒸気バスはタイヤの供給不良でバス運行が数日で頓挫している。その幻の蒸気バスの轍《わだち》が消えてから、１００年たたずして日本の自動車産業は世界トップの座に駆け上った。もし時空を超えて、現代の様子を見たら虎夫さんは、驚いて顎が外れるか涙をながすハズ。……なぜ極東の島国で実現できたのか？　20世紀日本の最大の謎！（最大ではないかも……）

この本は、その謎の正体を産業史のなかに丹念に分け入り、見つけ出そうとする。

答えは意外なものだ。「乗用車を持つことは日本人の夢だったから！」と筆者は言う「それは文明のモデルとして日本人の目に自動車が写ったから。明治期には、蒸気船や鉄が日本人の文明のシンボルだった。それが関東大震災以後、初めて自動車を見た日本人は自動車こそが文明のシンボル（と思い定めた!?）」。振り返ると死屍累々だが、目には見えない夢の数々が自動車づくりの熱として結実した?!　これって〝ものづくりサムライの挑戦〟？

江戸末期の「蒸気船」の設計図をもとに模型で蒸気船を作り上げた日本人から始まり、博覧会などで西洋の新しい技術に触れることで、インスパイアされた日本人が、自動車を走らせる夢を追いかける、そんなロマンをふくんだ技術史を分かりやすく追いかける。大学の先生ではあるが、数年間モノづくりの現場で働いた経験のある筆者は、象牙の塔にとどまらないリアリティあふれる筆致で日本人とモノづくりの関係を読み解く。

読みやすさ　★★★★　知識増強　★★★★
物語の楽しさ　★★★★　新ネタの発見　★★★
残念なポイント「いま一つ突っ込んだ取材と評論が望まれる」

★星野博美著『島へ免許を取りに行く』（集英社インターナショナル）

―そこは現実社会からすこし宙に浮いたユートピアだった。（2012年9月刊）

〝父親か友人のクルマのハンドルを握り（この時点で違法じゃないか!?）近くの路上で実技試験を受け、簡単な筆記試験をパスすれば、ドライバーズライセンスをゲットできる〟

そんなアメリカの運転免許取得の安直さを耳にすると、クルマを運転することは、国や地域によりずいぶん温度差があることがわかる。

日本でも、若者のクルマ離れといわれるように、以前ほど免許がさほど人生の重みになることはなくなったとはいえ、日本でクルマをあやつるため許可を得るには一苦労することには間違いない。

40歳を前にして、女流カメラマン兼エッセイストの筆者は、人間関係に疲れ果てていた。そこで自分を取り戻すキッカケづくりを見つけることを探し始める。それは運転免許を取ることだった。そこで、集中して運転免許がゲットできる〝合宿免許〟をネットで調べると、意外と地方色豊かな感じが伝わり、旅の気分も味わえることが分かってきた。いわば一石二鳥の行動パターンだ。

ところが、筆者は免許を初めてとるには高齢者のカテゴリー。なかなかちょうどいい合宿免許の自動車学校が見つからない。ふと見つけたのが、長崎県の五島列島にある自動車教習所。ここなら、東京から遠く離れているし、まわりが荒海に囲まれている。教習に嫌気がさして逃げ帰る気も起らずココロを一つにして免許取得に打ち込める。それに動物好きの筆者には、日本で唯一乗馬ができるという触れ込みも魅力的に映った。

そもそも合宿免許は、通常の通学スタイルよりも短期間に免許が取れるようになっている。入学から卒業までスケジュール管理されているからだ。通常2週間で卒業し、実地試験免除を証書を携え、地元東京の鮫洲試験所で、筆記試験に合格すれば晴れて免許が交付される流れ。

コトはそうとんとん拍子に運ばない。ふだん運動らしきものをしていない筆者は、若者にくらべると運転技術を身に付けるには時間がかかる。そればかりではなく、理屈が先に立つので交通ルールが素直に覚えられない。そもそも、この本の筆者は、1日中フル回転で活動する生活など長らくしたことがない。しかも自転車のハンドルさばきすら大きな疑問符が付く人間。「2週間あまりで運転の技術を覚え路上に出てクルマを運転する」などとてもできないことに気づかされる。

でも一方で、東京から遠く離れた自動車学校では、誰もが社会から切り離され、現実の憂さを忘れ、五島の地がはからずも理想郷であることに遅まきながら気づく。ここでは誰かがだれかを蹴落とす必要もなければ、だれかを裏切って得をすることもない。

現実社会からほんのすこし宙に浮いた、一種のユートピア。しかも一緒にいられる時間は思いのほか短いので自然と助け合い、気にかけあう。すぐ別れていくからこそ成り立つ優しい関係が成立する。猫好きの筆者は、この島でもう一つの楽しみを見出す。教習所の近くにある馬場で、馬に乗るのだ。初めて馬に乗った筆者は、同じ乗り物とはいえ自動車と似て非なる感慨を発見する。

馬に乗ると、これまでに体験したことのない視点の高さ。それに左右非対称な、柔らかいものに座るという感触の驚き。足全体に馬の体温が伝わってきて、すぐに体がポカポカ暖かくなる。人間より大きな動物とはこれほど温かいものなのか？　ふと数か月前死んだ愛猫のことを思い出す。「秋から冬にかけ気温が下がると、その猫はよく筆者の蒲団の中に入ってきた。猫にとって身体が何十倍大きな人間はまるで湯たんぽのようなものだった」。自分より大きな動物と接して初めて、猫の気持ちに思いをはせる。

人より二倍の4週間もかかってようやく仮免許を取得した筆者は、自分の半生を振り返る。いわばこれまで自分仕事は一点集中型だった。

たいして才能もないし、とくに異なる経験をしたわけではない。そんな人間が写真を撮ったり文章を書くためには、人より長くその場にいたり、人より長く物事を考えたりするしか術《すべ》はなかった。ひとつのことを1年2年長いあいだ考え続けることが得意。ところがクルマの運転に要求されるのは、それとは真逆で「瞬時にたくさんのことを考えること。精神は集中させ、しかし視線は分散させろ！」なのだ。

とにかく4週間も五島列島に滞在したおかげで、約30名の人たちと親しく知り合うことができた。東京にいたのではとても出会うことのない多彩な人たちとの交流。

東京に戻って晴れて都内でクルマを運転する筆者は、免許取りたてのドライバーが体験する様々な経験をする。車線変更の難しさウインカーで後車に伝えるタイミングなど、まるで異なる。だから戸惑いまくる。島では、シミュレーターでしか体験してこなかった高速道路の走行など、徐々にリアルなドライビング・テクニックを学んでいく。

運転免許という手段を手にした筆者は、なにかができるようになった喜びのひとつとして運転はかけがいのない新しい翼を獲得したことだと思い始める。読者は300ページ足らずの体験記を読んでいるあいだ、初心者の頃の瑞々しい気分に浸り、クルマをあやつる喜びを再認識できる。そしてからだの奥の方がなんだか暖かくなる。

読みやすさ　★★★★★　知識増強　★
物語の楽しさ　★★★★★　新ネタの発見　★★
残念なポイント「乗馬の成果が少しでも描かれているとよかった。クルマの操作の違いとか」

★小林彰太郎著『小林彰太郎の世界』（二玄社）

――とにかく昔のクルマとクルマ雑誌のエピソードが満載だ。（1992年7月刊）

「小林さんですか？　すいません上野にある自動車雑誌編集者のヒロタですが、小林さんが昔乗っていたオースチンA40のメンテナンスで、お使いになった工具について教えてください」

いまから、40年ほど前の話である。当時すでに〝伝説の自動車ジャーナリスト〟となっていた小林彰太郎氏（1929～2013年）は、編集の第1線から退き、カーグラフィックの編集顧問だったかと思う。象徴的なのが彼のクルマ記事の文体は、雑誌社の枠を超え、かなりの広がりで伝播していた。つまり、不思議なことに「なんちゃって小林彰太郎文体」が横行していたのである。

で、当方はソケットツールについて調べていたときだ。英国のネジは、インチネジだが、アメリカのインチとは異なる表記をしていることが分かったので、それを整理して教えてもらいたかった。そして英国のネジ規格は、むかしのカーグラフィックをたまに読んでいたので、彼の古いオースチンをめぐる整備エピソード記事を思い出し、思い切って電話したのだ。同業者に塩をねだるのは、ご法度だという気分もあったが、同じ旧いクルマを整備する仲間として教えを乞う、そんな甘い気分で電話した。

ところが、電話口の小林さん、突然マニアックな質問で戸惑ったのか、英国のインチネジと工具についてきちんと頭のなかで整理していなかったらしく、即答ができず、うやむやな返事しかもらえなかった。それればかりか、「これからは、（質問に対しては）有料で頼むよ、キミ！」そんな言葉が返ってきた。驚いたのと同時に、そんなにお金に困っているのかなぁ？　と素直に思ってしまった。が、なんだか後味の悪い、それでいていつまでも記憶に残った電話の声だった。お礼のつもりで、その後フリーになったときの処女作の単行本を献本した。

それから、翌年にでたのがこの本である。昭和一桁の〝自動車ジャーナリスト前史〟から始まって徳大寺有恒氏との対話あり、むかしの牧歌的な自動車の記事あり、いまはない谷田部のテストコースをめぐる話やら、友人で詩人の谷川俊太郎氏も交えた対談など、とにかく昔のクルマとクルマ雑誌のエピソードがうじゃうじゃ載っている。旧き良き自動車ジャーナリストの時代を味わうには格好のネタ本である。

花森安治の『暮らしの手帳』がいっさい広告を載せずに忖度なしのズバリ商品テストを展開していた。CG（カーグラフィック）は、とくにクルマ版「暮らしの手帳」とは公言してはいなかったものの、堂々と広告収入を得ながら小林彰太郎氏の〝良心〟に恃んだロードテストという名の商品テストで売っていた。

2015年の春、横浜みなとの丘公園近くにある神奈川近代文学館での谷崎潤一郎展に出かけた折、入り口のラウンジで古いモノクロ映像が流れていた。大手生活用品企業のライオンの創業者・小林富次郎氏（１８５２〜１９１０年）の葬儀の模様を撮影した日本最古の7分20秒のセピアがかったフィルム。明治末期の東京の市街地や当時の風俗、わけても女性の服装や数年後関東大震災でフォードのシャシーを使った9人乗りの円太郎バスとなる前の貴重な市電が走る姿などが展開。

そのときすでに鬼籍に入っていた面長で品のある小林さんの顔が、頭に浮かんだ。

じつはライオンの創業者の一族だったのだ。……恵まれた身分で、自分の好きなことを強いココロで目指すことができた。とはいえ、エリート一族から当時としては、海のものとも山のものともわからなかった、断じてカタギとは見られなかった怪しげな「自動車のジャーナリズム」。その世界を悪戦苦闘して作り上げてきた氏の心情は、彼独自の文体ではとうてい表現しつくせない葛藤に満ちたものだったに違いない。

読みやすさ　★★★　知識増強　★★★
物語の楽しさ　★★　新ネタの発見　★★★
残念なポイント　「寄せ集め記事が宿命として持つ不統一感が残る」

★クレイグ・チータム著『図説世界の最悪クルマ大全』(原書房)
―英語のタイトルは「THE WORLD'S WORST CARS」。(2010年12月刊)

「ボディは2年と持たずに、難破船のごとくサビつく。南イタリアの難破船」、1972〜1984年に販売されたイタリアのアルファロメオ・アルファスッドを一刀のもとに切り捨てる。返す刀で「駄作は駄作！　金の卵を産んだアヒルだ」とばかりに名車クライスラーのエアフロー（1934年発売）を木っ端みじん。このクルマ、じつはトヨタがクルマづくりの時点でお手本にした名車とされているのである。

日本車にだって容赦ない。たとえば初のロータリーエンジンを載せたマツダのスポーツカー「コスモ」のことを「目をそむけたくなるほどみっともない姿。カモノハシにそっくりだ。陸に上がった巨大魚」と皮肉る。1960年〜70年代のクラウンには「調和を欠く見苦しいスタイリングは道路に対して失礼なほど。王座（クラウン）からはほど遠い古き悪しきトヨタ車」と、これ以上ないほどのあしざまな批評。

1980年代後半に登場したいすゞの「ピアッツァ・ターボ」については、「掃除をさぼるとシル（サイドシル：ドアの下の敷居部分）やドアボトムに大きな穴が開きかねない。王様になれなかったクルマ」とずいぶん手厳しい。この時代の日本車は押し並べて、錆に苦労したことが知られてはいるが、それにしてもだ。……別の見方をすればかなり古いクルマが多い（全部で150車）なので、自動車メーカーとしては痛くもかゆくもない、のかもしれない。

筆者のグレイグ・チータム氏は、英国の自動車雑誌AUTO EXPRESSで活躍のライター。監修は、いまは亡き自動車ジャーナリストの川上完さんだ。

この本、クルマ好きには、ドキドキのしっぱなしだが、冷静に考えれば、本来クルマは趣味の対象であれば「アバタも笑窪」となるが、生活者から見れば、こうした厳しい批評は消費者のためになる。でも、それでも心優しい日本人には、毒が多すぎる!?　英国人の皮肉を日常のなかで、薬としている、そんな人には大いに笑え、涙を流す、そんな本である。版元は「食人全書」、「不潔の歴史」などユニーク極まる人文書を得意とする原書房。初版２０１０年で、価格は２４００円だった。

読みやすさ　★★★　知識増強　★★★★
物語の楽しさ　★★★★　新ネタの発見　★★★★★
残念なポイント　「そのクルマの時代背景があまり触れられていない」

★下野康史著『図説　絶版自動車』（講談社プラスアルファ文庫）
――副題が「昭和の名車46台、イッキ乗り」（2006年5月刊）

登場する46台の内容は、おもに1960年代、70年代、それに80年代の発売された日本車、ときどき輸入車である。

もうずいぶん前になるが「絶版車」という言葉で、いくつもの写真集やそれに類する印刷物が本屋さんの棚を飾ってはいた時期がある。この本はこの手の本とは異なり、少しばかりユニーク。

どこが？　いわゆる絶版車のオーナーさんを見つけ出し（いまやファンクラブがあるので、オーナーを見つけるのはそう苦労ではない!?）、そのクルマに試乗し、独自の評価目線とユーモアあふれる筆致で読ませるからだ。

名車と謳うだけに、そこにはいくつものエピソードが詰まっているクルマばかり。とりわけクルマが好きではない普通の読者も、名前ぐらいは聞いたことがあるクルマがずらり。1台あたり5ページ、ときには筆が走り6ページになる。小気味の良い、短めの文章で、ウッウッと詰まることなく、スイスイと読み進めることができる。

生活に密着しているクルマとはいえ、これほど親しめる文体と内容でクルマを描けるとは羨ましい。スイスイとリズミカルに読めるので、たとえば少しばかり小難しい本（たとえば哲学書？）を真剣に読んでいて、頭が疲れたとき、ヒョイとばかり手に取り、適当なところから読み始めてついつい2台3台の絶版車の知識で頭のなかがクリーンアップされる。そんな本だ。

〝クルマは乗らなきゃわからない〟という当たり前のことも、この本は教えてくれる。たとえばホンダ初の４輪車Ｔ３６０（１９６６年型）は、シフトレバーがステアリングコラムの右側にあり、ウインカーが左側にあるというのだ。いまとまるで逆。すごい発見だ。

つまりこのころは国産車のスタンダード・レイアウトがいまだ定まっていなかった、という証拠だ。写真だけ見ていてもスルーする歴史的エビデンスを見つけたわけだ。

ところでクルマ雑誌の試乗記がいまあまり受けていないという。ひとつは提灯記事が多いからだ。褒めてばかりいるからだ。この本の場合、同じ試乗記のジャンルに入るが、どこにも気兼ねや忖度する必要はない（多少はあるのかしら？）から表現がのびのびしているし、できるだけ手垢のついた紋切り型のフレーズを使わない努力をしているところが○だ。

絶版車に乗るチャンスはじつは自動車評論家もほとんどない。つまりこの本は、試乗記のライターにとっては、いわば空白の車歴のブランクを埋める、基本的にはセルフィッシュな企画。でもそれこそが大成功の元。趣味の本こそ、そうあるべきだ。「自分の好きなことをやるのが一番、それが他人にとってプラスになるなら最高だ」という人生訓が息づいている!?　絶版本を手にした時の感覚と似ている。

文庫本３００ページに満たない本だが、発見が少なくない。

たとえば、昭和30年代街中を走り回っていた小口物流のチャンピオン・ミゼット。映画「稲村ジェーン」に憧れ、この3輪トラックを手に入れた青年がオーナー。彼がすむ近くの狭山の農道で試乗し、Ｕターンしたところ「何が起きたのか！」と思うほど軽々超小回りでＵターンできたという。回転半径がわずか2・7m。イマドキKカーがその2倍とは言わないまでも4・5mだから、カルチャーショックだ。そこから筆者は、安全性、快適性などなどをどんどん着ぶくれたイマドキのKカーの存在意義に疑問符を付くとツブやく。

まるで海外に出掛けてはじめて日本のいいところと問題点に気づくのと同じ。旧いクルマをリアルに動かし運転することで、いまのクルマづくりやクルマ社会を〝強く思想する〟ことができてしまう。このことに気づかしてくれた本だ。趣味の本でも、テツガクに匹敵することが学べるかも！

読みやすさ　★★★★★　知識増強　★★★★
物語の楽しさ　★★★★　新ネタの発見　★★★
残念なポイント「1台のクルマに3点の写真だけでは不満。文章のなかでここをアップで見たいところが多くあるから」

★金子浩久著『10年、10万キロストーリー』（二玄社）
―クルマのある暮らしは一様ではなかった！（1992年7月刊）

タイトルが示すとおり1台のクルマに長く乗り続ける人たちを24名、4～6ページでまとめるインタビュー構成記事で成り立っている150ページほどの単行本だ。サイズがほぼ菊判と呼ばれる、週刊誌のB5より一回り小さく、ノートのA5に比べひと回り大きい贅沢なサイズだ。

ひと昔前まで走行10万キロを超えると「過走行車」というレッテルが貼られ、中古車市場では相手にされなかったものだ。ところが、クルマの信頼耐久性がうなぎ上りによくなり、いまや20万キロはおろか30万キロだって夢じゃない。ただこれも、オイル交換を定期的におこない、塩害からボディの錆を防ぐことを心掛けないとだめだ。

クルマという工業製品は、いろいろな人がいろんな場所で使うため経年劣化は異なるものの、だいたいそのクルマの弱点というのがあった。マフラーに穴があきがちとか、O2センサーがすぐ駄目になるとか、タイミングベルトの寿命が早いとか、ウォーターポンプがイカレやすいとか……。このへんのトラブルを聞き出すことは、変なハナシとても楽しい。「人の不幸は蜜の味」というよりも「クルマのトラブルはクルマ好きのコミュニケーションのきっかけづくりになる」からだ。それにクラシックカーは別にして、いわゆるひと昔前の吊るしのクルマ（量産車）を大切に乗っているドライバーはどこか神がかって見えなくもない。なんだか、幾多の困難を乗り越えながら、この人は1台のクルマにこだわり使い続けている修行僧に近いものを感じる。

筆者もあとがきで記しているように「とりとめのない話」に終始する。でも、ついつい読みふけってしまうのは、それぞれのクルマとそれを使うドライバーのドラマが見え隠れするからだ。だから、クルマにあまり興味のない読者でも、かなり楽しめる本なのかもしれない。

なかでも、博物館で見られないクルマに乗っている人のインタビューに引き寄せられた。

たとえばヒルマン・ミンクスを1963年に新車で購入した都内に住む音楽家（当時65歳）は、1960年代の都内は道路が空いていて、クルマでの移動がらくらくで時間が読めたという。一番便利な移動手段だったというのだ。このクルマ、いすゞがノックダウン生産（部品を英国から輸入し日本で組み付ける）して販売していた乗用車で、1・5リッターOHV62PSエンジンに、フロントダブルウイッシュボーン、リア板バネの固定式。いまのクルマから見ると、古臭いが、当時は憧れのクルマだったようだ。途中サスのゴムブッシュを全部入れ替えているというから、当時の都内の道路は凸凹していたのとブッシュの寿命が短かったことがうかがえる。

同じころ、日本のタクシーで大いに使われていた日野ルノーもノックダウンで組み立てられたクルマだ。エンジン排気量750cc水冷4気筒OHV　3速MT　車重がわずか640kg　RR方式でサスは前後ともコイルスプリング式。ステアリングはラック&ピニオンだった。このクルマフリーランスのカメラマンが1963年新車で購入し、20万キロを超えて使われている。一度エンジンを載せ替えてはいるが、生産中止以降だんだん部品がなくなり、多摩川に廃棄されている同系の車両を見つけ、わざわざ新車でランクルを手に入れ、川から引っ張り出したという武勇伝を披露している。それだけではなく、シリンダーヘッドとシリンダーブロック間に使われるシリンダヘッドガスケットが手に入らず、レース用部品を製造している部品メーカーに頼み込み製作。ところがこれ、1枚をつくるも100枚をつくるも同じ金額の100万円だと聞いて、迷うことなく1000枚オーダーしたという2つ目の武勇伝もある。

ホンダN360を新車で手に入れ、走行キロ数こそ6万キロと大したことがないが、20年も乗り続けているという御仁も登場する。このひとその前は、ドイツのミニカー「マイコ・チャンピオン（490cc2ストロークエンジン）」を所有していたというから恐れ入る。N360、プラグの熱価が間違い、高負荷運転の際にスパークプラグの接地電極が溶けて、ピストンの頭部に穴をあけたという。じつは、同じ軽自動車のエンジンでは、こうした高負荷運転によるエンジントラブルはそう珍しくなかった。（書評子も実は書斎のどこかを探すと、解体屋さんで手に入れたコンロッドがピストンをぶち抜いた現物を所有している！）

写真は、神蔵美子さんが撮影している。このひと、雑誌「写真時代」の編集長で、母親が知人男性とダイナマイト自殺した末井昭さんと「東京人」の編集者だった書評家坪内祐三さんとの3角関係を描いた写真集『たまもの』（筑摩書房／2002年）で一躍名をはせた女流写真家。

この本では、ユーザーとクルマとを絡ませた写真を1ページで掲載しているのだが、オーナーの姿がメインで、クルマはたとえばバンパーの一部とか、フロントグリルの一部、あるいはリアフェンダーのほんのわずかしか映っていない。そのため、よほどのクルマ通でないと、写真からクルマの正体を判断できない。唯一例外が、いすゞ117クーペで、クルマの写真だけ。たぶんオーナーさんは、写真で登場するのを拒んだようだ。この117のオーナーさんは、大手鉄鋼メーカーにお勧めで、「117クーペは、厚い鉄板を使ってエッジのないボンネットフードやフェンダー、ドアパネルで構成して美しいボディデザインにしている」という。「ボディの鋼板は通常0・6㎜厚のところ、117は0・8㎜もある」という。ちなみに、調べると軽自動車は通常0・4㎜だ。

読みやすさ　★★★★　知識増強　★★
物語の楽しさ　★★★　新ネタの発見　★★
残念なポイント「自動車の形状が分かる写真かイラストを入れてほしかった。スペックもあるとさらに楽しめる」

★カール・ベンツ著『自動車と私　カール・ベンツ自伝』（草思社文庫／藤川芳朗訳）

―100年後を見通したベンツの眼力に敬服。（2013年10月刊／2005年単行本）

トヨタ博物館の本館に足を踏み入れた読者は、カール・ベンツ（1844～1929年）といえばエスカレーターで2階にあがったところで出迎えてくれるクラシカルな3輪車をすぐ思い浮かぶハズ。1886年に作ったとされるベンツのパテントモトール・ヴァーゲン。ウッドデッキのステップに後方にでかい横置きの〝弾みぐるま〟（フライホイール）が目につく車両だ。

人の世の歴史は時々奇妙なことが起きる。

自動車の歴史では、カール・ベンツとゴットリーブ・ダイムラーの二人のドイツ人もそうだ。1886年の同じ年に、この二人はわずか150キロ隔てたところで一人は3輪のガソリン自動車、もう一人は2輪のガソリン車を製作していたのだ。この少し前に欧州各地やアメリカで内燃機関車が作られたという歴史があるので、このドイツ人二人が世界初の自動車製作者という栄誉を与えるのは間違いだと主張する向きもある。

でも、のちの自動車の発展に大きく寄与し、いまなお二人が創設した企業が世界の第一戦で活躍していることもあり、この地球上で初めてガソリン車を走らせた人物とする説を唱えるのも、さほど真実から離れることにはならない。

そのカール・ベンツが亡くなる4年前の1925年にみずからの手で著した本の翻訳本である。

原書がほぼ100年前に書かれたもので、しかも根っからの技術者の筆で、音楽の世界を持ち出す譬えをまじえ、なんだかドイツ人の少し背伸びした物言いが滲む文体。そのせいか、するすると滑らかに頭に入ってこない調べだ。途中で投げ出す読者もいるかもしれない。

でも、この本、わずか文庫で200ページなので、すこし我慢して読んでみる。するといくつもの知らないことが出てくる。カール・ベンツの吐息を感じて気持ちがグイっと動き始める。

当時のハイテクは蒸気機関だった。父親がもともとその蒸気機関車の運転手だったこともあり、カールは早くから技術系の学校に入り、興味をどんどん膨らませていく。学校の工作室で、理解ある先生に出会うことで機械の組付けや実験を時間のたつのを忘れ没頭するのである。万力や旋盤など当時の鍛冶屋に通じるモノづくり現場を、身をもって体験している。カールの指の爪の先は廃油で汚れていたに違いない。このへんが現代の分業化された現場を身近にしていない頭部肥大のエンジニアとはずいぶん異なる。

そしてカールの頭の中には早くから、自動車のイメージがあった。蒸気エンジン車より軽量コンパクトなクルマ。線路を持たない自由に道を走れる自動車のイメージ。いわゆる「馬なしクルマ」である。機械が動力となる車である。

その機械は、〝ガスエンジン〟という名称で研究をはじめられた。当初は、持ち運びできない、定置型のガスエンジンだ。つまり水を移動させるなどのポンプを駆動する動力だ。車輪を動かすエンジンは、ここから研究がスタートする。

はじめは、2サイクルエンジンに取り組んだ。そのエンジンの始動は、長期にわたり不具合続きだった。が、結婚したばかりの妻の協力が大いに働き、年の暮れに突然成功するのである。規則正しく動くエンジンの鼓動はまるで二人の未来を奏でる協奏曲のようだった。こうして、定置式エンジンで経済的な地盤を固めたカールは、次に4サイクルエンジンに取り掛かる。4サイクルで自動車を作ろうという目論見だ。

いまから見ると暗闇で前に進む気分だったに違いない。クルマ作りのテキストなどないのだ。カールは、エンジン本体の設計・開発・実験だけでなく、エンジンを駆動させるキャブレターや冷却装置のラジエーターの原型をゼロから作るのである。キャブレターは当初、表面（サーフェス）気化器といわれる密閉された平皿で自然に蒸発させるプリミティブなやり方からスタート。この気化器には致命的欠点があった。ガソリンの中の気化しやすい成分がまず気体となり、貯蔵量が減るにしたがい気化しづらい炭化水素などの成分が残り不具合が起きる。気化器には常に新鮮なガソリンが送り込まれる必要がある。そこで貯蔵部と気化部の別構造にし、さらにのちのジェットやフロートの原型らしきものを追加している。

冷却装置も同じだ。当初は夏場の打ち水のようにシリンダーに水をかける程度だったのを、水パイプを巻き付けるなどラジエーターのルーツを生み出している。クラッチについても、その必要性から始まり（でないといちいちエンジン始動しないといけない）、駆動ベルトに工夫し、空回りさせられるようにした。

10年以上という長きにわたり研究し開発したのが、差動装置だ。

馬車なら車輪は左右輪ともフリーにしているので問題が起きない。ところが車輪を駆動させて進む自動車の場合、曲がり角をまがるとき、外の車輪は速く回し、内輪はゆっくり回さないとスムーズに旋回できない。いわゆる傘歯車を使い、差動装置を作り上げている。ちなみに、こうした自動車技術の進化は荒井久治著の力作『自動車の発達史』（上下2巻／山海堂）で詳細に確かめられる。

カールの成功は、大きな時代の変化に乗った要素も無視できない。ドイツ文学者で翻訳者である藤川氏に言わせると、「１８７０年にオーストリアとの戦争でドイツが統一し、近代国家としての体裁を整え、資材の調達とか新技術の開発のための前提条件が劇的に改善した」からだという。鋼鉄製砲身の銃砲を造ったアルフレート・クルップ、発電機を開発したヴェルナー・ジーメンスなどカールとほぼ同時代の綺羅星の偉人を当時のドイツは生み出している。こうした社会的な背景を含め、ドイツの自動車産業の勃興時を眺めるには高著かもしれない。当時の技術的図版も比較的豊富に掲載しているのもいい。

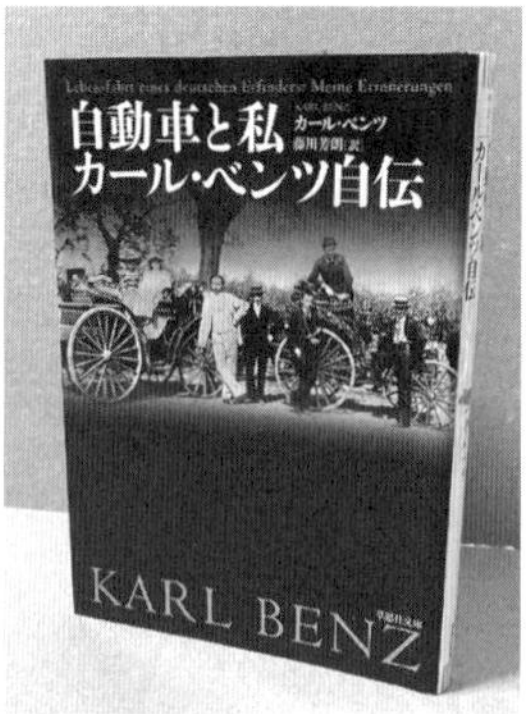

読みやすさ ★　知識増強 ★★★★
物語の楽しさ ★★　新ネタの発見 ★★★
残念なポイント「もう少しこなれた日本語だと読者が増えるのに残念。編集の手抜きともいえる」

あとがき

正直に告白する。筆者は、小学生中学生、それと一番多感な高校生時代、まったくといっていいほど本など読んだことがない男だった。授業で教科書を開くのは当たり前だが、それ以外の、たとえば自宅で教科書ですら開いた記憶がない子供時代を送ってきた。もっぱら、魚取りや野山を駆け巡ることに忙しく、そんな時間がなかった。

というのは真っ赤な嘘で、まるで活字に関心がなかった。数行読んだとしても瞼が重くなり、物語世界の面白みがわかる寸前で逃げ出したのだ。だから、当時の小中学生がアツい気持ちで読んでいたであろう『十五少年漂流記』や『小公子』『秘密の花園』『海底2万マイル』などの古典の世界の洗礼を受けることなく、今日まで来てしまった。

そんな男が、ひとさまが汗水たらして、ときには命を懸ける気持ちで創り上げた本を、あらやおろそかに、あれこれと品定めするなんて、半世紀前のその男を知る同級生なら「アホかいなっ！」とか「詐欺師！」と非難するに違いない。でも、好意的に「君は、いわば遅れてきた読書家だね」と評価してくれる人もいるかもしれない。

その見えざる応援団を追い風に、１００冊の自動車、ときには航空機、バイク、自転車の書籍１００冊に挑み、レビューを書き上げてみたのがこの本だ。楽屋裏を明かすと……レビュー自体の構成を考え、書き上げるまでの時間は30分から40分ぐらい（ライター稼業が長いから書くのはお手の物!?）なのだが、一冊の本をできるだけ筆者の気持ちに寄り添い、読了するには、数時間、長編小説だと3日とか4日かかった。はやりの速読なんて、できないのだ。

少年時の〝反知性的習慣〟の不徳を取り戻す体験をしている。20代中頃に、ふつうの自動車雑誌記者にはない経験をしてきた。

28歳で自動車雑誌記者になる前、海外通信社の社員として海外のニュースネタや珍しい写真を日本の雑誌社などに営業活動していた（インターネットが構築される前）。その傍ら、TV局の番組宣伝部のアルバイトとして、テレビ番組のラジオテレビ欄（通称ラテ欄）のもと原稿を書く仕事を3年近くやった。あらかじめ脚本を渡され、読みこんであらすじを書くというもの。1時間番組（たとえば平岩弓枝の「ありがとう」）では800字、30分の子供番組（たとえば「ウルトラマンタロウ」）で600字。原稿料はそれこそ雀の涙。会計の女性に「よくやっているわね！」とひどく同情されるほどの微額だった。「子供からオジイチャンおばあさんまで読んでわかる原稿にしろ」と担当者から檄を飛ばされたこの仕事が、たぶん、そのあとの文章作成にプラスに働いたようだ。

ブックレビューの役割の半分は、読者にどんな内容の本なのかを伝えることだ。つまりざっくり言えば「あらすじ書き」に近い。これを土台にして、できうれば鋭くて面白い批評をかみ合わせることで何とかカタチを整えられる（そう簡単ではないにしろ！）。だから、若い時の同情を買った微額の仕事が大いに生かされているのかもしれない。

読み終えた本100冊。これを書斎の床にずらりと並べてみると、文庫本、単行本など凸凹しているが、金子みすゞの「みんな違ってみんないい」が耳元で聞こえる。読書が持つ全身全霊で未知の世界を知るという喜びが沸き上がり、不思議にも、なんだか新しい地平が見える気がする。

広田　民郎

◆著者プロフィール

広田 民郎（ひろた たみお）

三重県生まれ。取材を得意とするベテランの自動車ジャーナリスト。工業高校で化学を、大学は文学部というハイブリッド体質。

1991年、サンデーメカニック向け整備専門月刊誌やバイク月刊誌の編集記者を経てフリーのジャーナリストに。「広田氏の記事には、たとえコラムひとつとっても落語でいうとフラめいたものがある。贅肉を落とした実用的な記事で十分なところ、彼の記事は常にいい意味でのオマケが随所に込められる」とはオートメカニックの元編集長・松苗哲哉氏の弁。「ハローハッピーこしがやエフエム」でラジオ放送『タミーの自動車のここが知りたい！』（毎週15分間）のMCを2019年から3年間担当。

『解体ショップとことん利用術』（講談社）、『クルマの歴史を創った27人』（山海堂）、『クルマの改造○と×』（山海堂）、『21世紀クルマのリサイクルのすべて』（リサイクル社）、『作業工具のすべて』（グランプリ出版社）、『物流で働く」（ぺりかん社）、「自動車整備士になるには』（ぺりかん社）、『ツウになる！　トラックの教本』（秀和システム）、自伝的小説『クルマとバイク、そして僕』など著書は約80点に及ぶ。

クルマ本 解読100冊

2023年9月1日　初版第１刷発行

著　者　広田 民郎
発行者　池田 雅行
発行所　株式会社 ごま書房新社
〒167-0051
東京都杉並区荻窪4-32-3
AKオギクボビル201
TEL 03-6910-0481（代）
FAX 03-6910-0482
カバーイラスト　（株）オセロ 大谷 治之
DTP　海谷 千加子
印刷・製本　精文堂印刷株式会社

ISBN978-4-341-13283-5 C0095

著者略歴

広田 民郎（ひろた・たみお）

三重県生まれ。取材を得意とするベテランの自動車ジャーナリスト。工業高校で化学を、大学は文学部というハイブリッド体質。1991年、サンデーメカニック向け整備専門月刊誌やバイク月刊誌の編集記者を経てフリーのジャーナリストに。「広田氏の記事には、たとえコラムひとつとっても落語でいうとフラめいたものがある。贅肉を落とした実用的な記事で十分なところ、彼の記事は常にいい意味でのオマケが随所に込められる」とはオートメカニックの元編集長・松苗哲哉氏の弁。「ハローハッピーこしがやエフエム」でラジオ放送『タミーの自動車のここが知りたい！』（毎週15分間）のMCを2019年から3年間担当。

『解体ショップとことん利用術』（講談社）、『クルマの歴史を創った２７人』（山海堂）、『クルマの改造○と×』（山海堂）、『２１世紀クルマのリサイクルのすべて』（リサイクル社）、『作業工具のすべて』（グランプリ出版社）、『物流で働く』（ぺりかん社）、『自動車整備士になるには』（ぺりかん社）、『ツウになる！　トラックの教本』（秀和システム）、自伝的小説『クルマとバイク、そして僕』など著書は約８０点に及ぶ。

ISBN978-4-341-13283-5
C0095 ¥1800E

9784341132835

定価　1,980円
（本体1,800円+税10%）

1920095018003

ごま書房新社

クルマ本 解読100冊

ヒトとクルマ社会の
過去・現在・未来が
読み解ける！